АНГЛО-РУССКИЙ СЛОВАРЬ СОКРАЩЕНИЙ ПО ТЕЛЕКОММУНИКАЦИЯМ

ENGLISH-RUSSIAN DICTIONARY OF ABBREVIATIONS IN TELECOMMUNICATIONS

A.V. ALEXANDROV

ENGLISH-RUSSIAN DICTIONARY OF ABBREVIATIONS IN TELECOMMUNICATIONS

About 5500 abbreviations

«RUSSO»
MOSCOW
2002

А.В. АЛЕКСАНДРОВ

АНГЛО-РУССКИЙ СЛОВАРЬ СОКРАЩЕНИЙ ПО ТЕЛЕКОММУНИКАЦИЯМ

Около 5500 сокращений

«РУССО»
МОСКВА
2002

ББК 32.811
А46

Специальный научный редактор С.В. Пантыкин

А.В. Александров

А46 Англо-русский словарь сокращений по телекоммуникациям. – Около 5500 сокращений. – М.: РУССО, 2002. – 288 с.

ISBN 5-88721-199-7

Словарь содержит около 5500 сокращений по современным видам связи, Интернету, мультимедийным системам, компьютерным сетям и информатике, а также автоматическим информационным системам, опто- и радиоэлектронике, электроакустике, компьютерной технике и прикладной математике.

Словарь предназначен для широкого круга пользователей: от студентов и даже школьников до web-мастеров, сетевых администраторов и программистов, а также инженеров-связистов, переводчиков и работников средств массовой информации.

Издается впервые.

ISBN 5-88721-199-7 **ББК 32+81.2 Англ.**

ПРЕДИСЛОВИЕ

Данный словарь вначале создавался как приложение к англо-русскому словарю по телекоммуникациям. Однако обилие материала, обусловленное бурным развитием связи и смежных с ней отраслей в последние годы, тенденция к широкому использованию в технической литературе сокращений, зачастую малопонятных для широкого круга читателей, отсутствие специализированных словарей по данной тематике, вынудили автора выделить перечень сокращений в отдельный словарь.

Терминологический массив, сложившийся в области телекоммуникаций, дополнен автором новыми сокращениями из области компьютерных сетей, мультимедиа-систем и информатики, а также автоматических информационных систем, опто- и радиоэлектроники, электроакустики и прикладной математики. Не обойдено вниманием и телекоммуникационное программное обеспечение.

Словарь предназначен для широкого круга студентов, научно-технических работников и переводчиков, сетевых администраторов и программистов, а также инженеров-связистов и работников средств массовой информации.

Автор

КАК ПОЛЬЗОВАТЬСЯ СЛОВАРЕМ

Все сокращения в словаре расположены в алфавитном порядке, при этом сокращения, состоящие из прописных букв, предшествуют сокращениям, состоящим из строчных:

AD **1. acquisition detector** индикатор вхождения в синхронизм **2. attention device** сигнализатор, устройство сигнализации **3. average deviation** среднее отклонение

ad **adapted** адаптированный

За ними следуют сокращения того же буквенного состава, включающие дефисы, косые черты, цифры и буквы иных алфавитов, например, греческого.

Омонимичные сокращения приводятся в порядке алфавита расшифровки и обозначаются цифрами:

ABC **1. American Broadcasting Corporation** Американская радиовещательная корпорация, Эй-Би-Си **2. automatic background control** автоматическая регулировка яркости **3. automatic bandwidth control** автоматическая регулировка ширины полосы пропускания ...

Знак & помещается в порядке алфавита его расшифровки «and». Условные обозначения в виде греческих букв, например, ω («омега») размещены в конце соответствующих латинских букв, например ω – в конце буквы «O».

Сокращения в корпусе словаря набраны **прямым полужирным шрифтом**, английская расшифровка – светлым прямым. Русский перевод приводится после английской расшифровки. Русские сокращения, если есть, помещаются после перевода:

AAX **automated-attendant exchange** автоматическая телефонная станция, АТС

Пояснения, там, где это необходимо, приведены в круглых скобках после перевода и набраны *курсивом*:

CELP code-excited linear prediction линейное предсказание с кодированием (*при аналого-цифровом преобразовании речи*).

Синонимы как в английской, так и в русской части следуют через запятую. В русской части более отдаленные значения разделяются точкой с запятой, различные по смыслу – цифрами, набранными светлым шрифтом.

Синонимичные части расшифровок английских сокращений и их русских переводов заключены в квадратные скобки:

address indication [indicator] group

Следует читать: **address indication group, address indicator group.**

тональная [звуковая] частота

Следует читать: тональная частота, звуковая частота.

Факультативные части английских расшифровок и русских переводов заключены в круглые скобки:

Airways and Air Communication (Service)

Следует читать: **Airways and Air Communication, Airways and Air Communication Service.**

(проектируемая) Афро-Азиатская сеть сотовой связи

Следует читать: Афро-Азиатская сеть сотовой связи, проектируемая Афро-Азиатская сеть сотовой связи.

СПРАВОЧНАЯ ЛИТЕРАТУРА

1. **Каталог стандартов МЭК:** в 3-х т. Русская версия / ВНИИКИ. М.: Госстандарт России, 1998. 864 с.
2. **Международный толковый словарь по оптической и лазерной технике:** МККТ, 1978. 755 с.
3. **Морской энциклопедический словарь:** В 3-х т./ В.В. Дмитриев, В.И. Баранцев, К.А. Бекяшев.; Под ред. В.В. Дмитриева. Л.: Судостроение,. 1991. 503 с, 1993. 583 с, 1994. 487 с.
4. **Связькомплект:** Информационный каталог, 1999. 64 с.
5. **Телевидение и радиовещание:** Словарь терминов / В.А. Хлебородов, П.П. Олефиренко; под ред. Кривошеева. Жуков.: Эра, 1999. 232 с.
6. **Audiovisual Presentation Handbook** (An Emap Maclaren Publication Ltd.)
7. **Catalogue of IEC Publications:** IEC, 1999. p. 811.
8. **Dictionary of Scientific and Technical Terms** (McGraw-Hill, 1994)
9. **Encyclopedia of Telecommunications:** Ed.: R.A. Meyers San Diego et al.: Acad press, 1991, v. XI, 575 p.
10. **Glossary of Telecommunication Terms**: (General Services Administration Information Technology Service, 1996)
11. **Interactive · Computer System Videotex and Multimedia** (Anton F. Alber; Plenum Press. New-York and London, 1993).

СПИСОК ПОМЕТ И УСЛОВНЫХ СОКРАЩЕНИЙ

акуст. акустика
АТС автоматическая телефонная станция
банк. банковский термин
ВЧ высокие частоты
вчт вычислительная техника
ЗУ запоминающее устройство
КВЧ крайне высокие частоты
крипт. криптография
ЛВС локальная вычислительная сеть
ЛЭП линия электропередачи
НЧ низкие частоты
полигр. полиграфия
проф. профессиональный жаргон
рад. радио
СВЧ сверхвысокие частоты
см. смотри
ТВ телевизионный
тлв телевидение
тлг телеграфия
тлф телефония
ТФА телефонный аппарат
УАТС учрежденческая АТС
уст. устаревший термин
фирм. фирменное название
ЭЛТ электронно-лучевая трубка
pl множественное число

АНГЛИЙСКИЙ АЛФАВИТ

Aa	Hh	Oo	Vv
Bb	Ii	Pp	Ww
Cc	Jj	Qq	Xx
Dd	Kk	Rr	Yy
Ee	Ll	Ss	Zz
Ff	Mm	Tt	
Gg	Nn	Uu	

A

A 1. ampere ампер, А **2. anode** анод **3. area** 1. площадь, пространство 2. зона, район 3. поверхность

a 1. activity 1. деятельность, действие 2. активность (*средств связи*) **2. ampere** ампер, А **3. anode** анод **4. area** 1. площадь, пространство 2. зона, район 3. поверхность **5. atto** атто-, 10^{-18}

Å angstrom ангстрем

AA 1. angular aperture угловая апертура **2. antenna array** антенная решетка, АР

AAAI American Association for Artificial Intelligence Американская ассоциация по созданию искусственного интеллекта

AAC 1. advanced audio coding перспективное звуковое кодирование **2. Airways and Air Communications (Service)** служба авиационной связи

AACS asynchronous-address communication system асинхронно-адресная система связи

AAE automatic assemble editing автоматический монтаж видеопрограммы

AAL ATM-adaptation layer уровень адаптации режима асинхронной передачи

AAM 1. amplitude-and-angle modulation амплитудная и угловая модуляция **2. asymmetrical amplitude modulation** асимметричная амплитудная модуляция, асимметричная АМ

AAR automatic alternate routing автоматическая маршрутизация с обходными путями; маршрутизация с автоматическим обходом неисправных узлов

AARTS automatic audio remote test set комплект автоматического звукового контроля

AASC Afro-Asian Satellite Communication (проектируемая) Афро-Азиатская сеть сотовой связи

AAVS adaptive audio-visual session адаптивный сеанс аудиовизуальной связи

AAX automated-attendant exchange автоматическая телефонная станция, АТС

A/B answerback 1. реакция на сигнал дистанционного управления, реакция на сигнал ДУ 2. автоответ 3. ответ (*в протоколе передачи данных*)

ABC 1. American Broadcasting Corporation Американская радиовещательная корпорация, Эй-Би-Си **2. automatic background control** автоматическая регулировка яркости **3. automatic bandwidth control** автоматическая регулировка ширины полосы пропускания **4. automatic bass compensation** автоматическая НЧ-коррекция **5. automatic beam control** автоматическое управление лучом **6. automatic bias control** автоматическая регулировка (тока) смещения **7. automatic brightness control** автоматическая регулировка яркости, АРЯ

ABCA American Business Communication Association Американская ассоциация по коммуникациям в сфере бизнеса

ABDL automatic binary data line линия автоматической передачи двоичных данных

ABER average bit-error rate средняя вероятность ошибочного приема бита

ABI 1. adjacent beam interference помеха от соседнего луча (*антенны спутника связи*) **2. application binary interface** интерфейс двоичных приложений

ABM asynchronous balanced mode асинхронный сбалансированный режим

ABP average blocking probability *тлф* средняя вероятность потери вызова

ABRD automatic bit-rate detection автоматическое определение скорости передачи двоичной информации

absrn absorption 1. абсорбция, поглощающая способность 2. потребляемая мощность

ABU Asian Broadcasting Unit Союз радиовещания стран Азии

ABVS Advanced Broadcasting Video Service усовершенствованная служба ТВ-вещания

AC 1. access control управление доступом **2. adaptive control** адаптивное управление **3. adjacent channel** соседний канал **4. alternating current** переменный ток **5. automatic checkout** автоматический контроль **6. automatic chromakey** установка цвета в монтажных системах **7. analog computer** аналоговый компьютер

ACA 1. adaptive channel assignment адаптивное распределение каналов **2. adjacent-channel attenuation** избирательность по соседнему каналу **3. American Communication Association** Американская ассоциация связи **4. asynchronous communication adapter** адаптер асинхронной связи (*для подключения персонального компьютера к телефонной линии*) **5. automatic circuit analyzer** автоматический анализатор цепей *или* схем

ACATS Advisory Committee on Advanced Television Service консультативный комитет службы перспективного телевидения

ACB 1. audio-conference bridge микшер речевой конференц-связи **2. automatic callback** *тлф* автовозврат вызова, автоматический возврат вызова

ACC 1. accumulator 1. аккумулятор, накопитель 2. сумматор **2. alternate control center** запасной центр управления **3. areal control center** зональный центр управления **4. automatic callback calling** *тлф* автоматический обратный вызов **5. automatic chrominance control** *тлф* автоматическая регулировка цветности, АРЦ

ACCH associated control channels совмещенные каналы управления, СКУ

ACCTC adaptive cosine control transform coding адаптивное кодирование на основе косинусного преобразования

ACD 1. automatic call distribution *тлф* автоматическое распределение вызовов **2. automatic call distributor** *тлф* автоматический распределитель вызовов

AC-DC, AC/DC alternating current – direct current с универсальным питанием (*от сети переменного тока и аккумулятора*)

ACE 1. access-control equipment аппаратура управления доступом **2. adaptive channel estimator** адаптивное устройство оценивания (характеристик) канала **3. asynchronous communications element** адаптер асинхронной передачи **4. automatic cable expertise** автоматическое сканирование кабельных линий **5. automatic circuit exchange** автоматический коммутатор каналов **6. automatic cross(-connection) equipment** аппаратура автоматической кроссировки

ACF access control field поле контроля доступа

ACI 1. adjacent channel interference помеха от соседнего канала **2. automatic circuit insurance** автоматическое защитное отключение линии

ACID automated classification and interpretation of data автоматическая интерпретация и классификация данных

ACK acknowledgement квитанция, символ подтверждения приема

ACL access control list список управления доступом; список полномочий пользователя

ACM access control machine устройство управления доступом

acous(t) acoustics акустика

ACP 1. adjacent channel protection защита от помех от соседнего канала **2. ancillary control processor** вспомогательный управляющий процессор **3. automatic communication processor** автоматический коммуникационный процессор

ACPDP alternating current plasma display panel газоразрядная индикаторная панель переменного тока

ACR 1. audio-cassette recorder кассетный магнитофон **2. automatic call return** *тлф* автовозврат вызова, автоматический возврат вызова **3. automatic circuit restoration** автоматическое восстановление цепи; автоматическое восстановление схемы

ACRR Administrative Conference by Radiotelephony and Radiotelegraphy Административная конференция по радиотелефонии и радиотелеграфии, АКРР

ACS 1. access control system система контроля доступа **2. asynchronous communication server** сервер асинхронной связи **3. auxiliary communication service** вспомогательная служба связи

ACSC Asia Cellular Satellite Communication (проектируемая) Азиатская сеть сотовой связи

ACSE association control service element сервисный элемент управления ассоциацией

ACSW alternating current switch ключ переменного тока

ACT audio conference terminal оконечная аппаратура речевой конференц-связи

ACTA American Carriers Telecommunication Association Американская ассоциация телекоммуникационных компаний

ACTS 1. Advanced Communication Technologies and Services Программа разработки усовершенствованных технологий и служб связи (*США*) **2. Advanced Communication Technologies Satellite** спутник для отработки усовершенствованных средств связи

ACU 1. alarm control unit блок аварийной сигнализации **2. antenna coupler unit** блок связи с антенной **3. automatic calling unit** *тлф* автоматический вызывной блок **4. automatic control unit** автоматический блок управления **5. availability control unit** автоматический блок управления

ACW alternating continuous wave незатухающая гармоническая волна

AD 1. acquisition detector индикатор вхождения в синхронизм **2. attention device** сигнализатор, устройство сигнализации **3. average deviation** среднее отклонение

A-D, A/D analog-to-digital аналогово-цифровой (*о преобразователе*)

ad adapted адаптированный

ADA 1. audio distribution amplifier звукораспределитель **2. automation data accessory** вспомогательное оборудование автоматизации работы с данными

ADAM automatic dial-in access message сообщение об автоматическом установлении соединения

ADC 1. analog-to-digital conversion аналогово-цифровое преобразование **2. analog-to-digital converter** аналогово-цифровой преобразователь **3. automatic disk changer** устройство автоматической смены компакт-дисков **4. automatic distortion control** автоматическая регулировка (вносимых) искажений

ADCCP Advanced Data Communication Control Procedure усовершенствованная процедура управления передачей данных

ADCP Advanced Data Communication Protocol усовершенствованный протокол передачи данных

ADCS automatic data control system автоматическая система управления данными

ADCZ automatic dial-coin zone зона автовызова с телефона-автомата

add 1. addition сложение, добавка **2. address** 1. физический или логический адрес устройства в компьютерной системе 2. адрес ячейки (*памяти*) 3. номер сектора/дорожки (*дискеты*) 4. адрес абонента электронной почты 5. *тлф* абонентский номер

ADDER automatic digital data-error recorder автоматический регистратор ошибок при передаче цифровых данных

ADDF automatic digital distributor frame автоматический коммутатор цифровых сигналов

ADDR address register *вчт* регистр адреса

ADE automated design engineering автоматизированное проектирование

ADES automatic digital encoding system автоматическая цифровая система кодирования

ADH automatic data handling автоматическая обработка и передача данных

ADIS automatic data interchange system система автоматического обмена данными

adj adjustment 1. регулировка, настройка 2. выверка 3. коррекция

ADL automatic data link канал автоматической передачи данных

ADN automatic digital network автоматическая цифровая сеть (*связи*)

ADP automatic data processing автоматическая обработка данных

ADPCM adaptive differential pulse-code modulation адаптивная дифференциальная импульсно-кодовая модуляция, АДИКМ

ADPE automatic data processing equipment оборудование автоматической обработки данных

ADPS automatic data processing system система автоматической обработки данных

adpt adapter 1. адаптер, устройство сопряжения 2. переходной разъем, (кабельная) муфта 3. звукосниматель

adr 1. adder сумматор; схема суммирования **2. address** 1. физический или логический адрес устройства в компьютерной системе 2. адрес ячейки (*памяти*) 3. номер сектора/дорожки (*дискеты*) 4. адрес абонента электронной почты 5. *тлф* абонентский номер

adrr address register *вчт* регистр адреса

ADS 1. application data server сервер прикладных данных **2. audio distribution system** система распределения речевых сообщений

ADSI analog display service interface интерфейс служб аналогового монитора

ADSL asymmetrical digital subscriber line несимметричная цифровая абонентская линия

ADSN analog derived services network сеть с передачей служебной информации по аналоговому каналу

ADSP analog-digital signal processing аналого-цифровая обработка данных

ADT 1. address data transceiver приемопередатчик адресов данных **2. automatic data transmission** автоматическая передача данных

ADTS automated digital services system автоматизированная сеть с цифровыми терминалами

ADTV advanced digital television перспективное цифровое телевидение

ADU 1. analog display unit аналоговый индикатор, аналоговый дисплей **2. automatic dialing unit** блок автоматического набора номера

ADX automatic data exchange автоматический обмен данными

AE 1. absolute error абсолютная ошибка **2. acoustic emission** излучение звука, звуковая эмиссия **3. aerial** антенна **4. application entity** объект прикладного уровня **5. automatic edit** автомонтаж, автоматический монтаж **6. automatic exposure** автовыбор экспозиции, автоматический выбор экспозиции

AEA American Electronic Association Американская ассоциация предприятий электронной промышленности

AEC 1. adaptive echo canceler адаптивный эхоподавитель **2. automatic error correction** автоматическая коррекция ошибок **3. automatic exposition control** автоматическая установка экспозиции

AECS Aeronautical Emergency Communications System система экстренной связи правительства с командованием военно-воздушных сил (*США*)

AEF advanced edition function функция оптимизации монтажа

AEM address enable message сообщение «доступ разрешен»

aemu absolute electromagnetic unit абсолютная электромагнитная единица

AES Audio Engineering Society Общество инженеров-звукотехников

aesu absolute electrostatic unit абсолютная электростатическая единица

AF 1. alternative frequencies резервные частоты **2. assigned frequency** присвоенная частота **3. audio frequency** 1. звуковая частота, ЗЧ 2. тональная [речевая] частота

AFA audio frequency amplifier усилитель звуковой частоты, УЗЧ

AFB assigned frequency band присвоенная (*станции*) полоса частот

AFC 1. amplitude frequency characteristic амплитудно-частотная характеристика, АЧХ **2. Antennas for Communication** компания AFC – ведущий производитель антенн для связи **3. area frequency coordinator** координатор частоты зоны **4. automatic frequency control** автоматическая подстройка частоты, АПЧ

AFF automatic frequency follower автоматический повторитель частоты

AFIPS American Federation for Information Processing Systems Американская федерация обществ обработки информации

AFIT automatic fault-isolation tester автоматическое устройство локализации неисправностей

AFN absolute frame number абсолютный номер кадра

AFNOR Association Française Normale Организация по стандартизации средств обработки и передачи данных, офисного оборудования и компьютерной техники (*Франция*)

AF/PC automatic frequency phase controlled (loop) контур с автоматическим регулированием частоты и фазы

AFR 1. acceptable failure rate допустимая интенсивность отказов **2. asymmetrical fast thyristor** асимметричный быстродействующий тиристор

AFRS Armed-Forces Radio Service радиослужба Вооруженных сил США

AFS aeronautical fixed service аэронавигационная служба стационарных средств связи

AFSK audio-frequency shift keying тональная частотная манипуляция

AFSM automatic field strength meter автоматический измеритель напряженности магнитного поля

AFSP advanced feature service provider поставщик улучшенного набора услуг

AFT 1. analog facility terminal (тональный) терминал связи между аналоговой системой передачи информации и системой коммутации **2. automatic fine tuning** автоподстройка; автоматическая точная настройка

AFTN 1. Aeronautical Fixed Telecommunication Network стационарная аэронавигационная сеть связи **2. Automatic Fixed Telecommunication Network** стационарная сеть автоматической связи

AG available gain номинальный коэффициент усиления

AGC 1. audio gain control регулировка громкости звука **2. audio graphic conference** аудиографическая конференция **3. automatic gain control** автоматическая регулировка усиления, АРУ

AGCH access grant channel канал предоставления доступа

AGDLC air-ground data link system система передачи земля – воздух

AGE Aerospace Ground Equipment земное оборудование системы космической связи

AGS automatic gain stabilization автоматическая стабилизация усиления

Ah, ah ampere-hour ампер-час, А·ч

AHD audio high density высокоплотная звукозапись

AHS 1. Access High System система тропосферной связи (*напр. Вашингтон – Лондон*) **2. Advanced Hybrid System** усовершенствованная гибридная суперсистема связи (*фирмы Panasonic*)

AHT average holding time *тлф* средняя продолжительность занятия линии

AI 1. aperture integration интегрирование по раскрыву (*антенны*) **2. articulation index** индекс артикуляции **3. artificial intelligence** искусственный интеллект **4. automatic input** автоматический ввод (*данных*)

AIC 1. adaptive interference canceler адаптивный компенсатор помех **2. Artificial Intelligence Consortium** Консорциум по искусственному интеллекту (*США*)

AID 1. automatic information distribution автоматическое распределение информации **2. automatic internal diagnostics** автоматическое обнаружение неисправностей

AIEE American Institute of Electrical Engineers Американский институт инженеров-электриков

AIG address indication [indicator] group *тлф* индикатор номера абонента

AIM amplitude intensity modulation мощностная модуляция

AIN Advanced Intelligent Network передовая сеть с интеллектуальными услугами; развитая интеллектуальная сеть

AIO asynchronous input/output асинхронный ввод-вывод

AIOD automatic-identified outward dialing *тлф* автоматическое обнаружение номера звонящего абонента

AIRE American Institute of Radio Engineers Американский институт радиоинженеров

AIS 1. advance investment strategy стратегия приоритетного финансирования **2. alarm indication signal** сигнал аварийной индикации **3. automated information system** автоматизированная информационная система

AIU antenna interface unit блок связи с антенной

AJ antijamming противодействие преднамеренным помехам

AJM antijamming margin запас помехозащищенности

AL address line адресная строка

ALC 1. automatic level control автоматическая регулировка усиления, АРУ **2. automatic load control** автоматическая регулировка нагрузки

ALE 1. analog local exchange местный коммутатор аналоговых сигналов **2. automatic link establishment** автоматическое установление соединения **3. automatic loop-back equipment** автоматическая аппаратура кольцевой проверки

alm alarm сигнал тревоги

ALMA Alcatel management (system) система управления сетью связи «Алкатель»

ALN adaptive logic network адаптивная логическая сеть

ALPC automatic linear predictive coding адаптивное кодирование с линейным предсказанием

ALS application layer structure структура прикладного уровня

ALT accelerated life testing ускоренное тестирование аккумулятора радиотелефона (*имитация пяти лет работы за 4 недели*)

ALU arithmetic-logical unit арифметико-логическое устройство, АЛУ

AM 1. ammeter амперметр **2. amplifier** 1. усилитель 2. приемник (*прямого усиления*) **3. amplitude modulation** амплитудная модуляция **4. associative memory** ассоциативная память

am 1. ammeter амперметр **2. amplitude** амплитуда

a/m ampere-per-meter ампер на метр, а/м

AMA automatic message accounting автоматический подсчет стоимости телефонных переговоров

AMC 1. administrative-management complex управляющий комплекс (*провайдера*) **2. auto-manual center** полуавтоматический телефонный узел

AMDS automatic message distribution system автоматическая система распределения сообщений

AME 1. amplitude modulation equivalent эквивалент амплитудной модуляции **2. automatic measuring equipment** автоматическое контрольно-измерительное оборудование **3. automatic message exchange** автоматический обмен сообщениями

AMI alternate mark inversion *тлг* знакопеременное преобразование посылок

AMIGOSAT Amigo satellite система спутниковой связи [ССС] латиноамериканских стран

AML automatic modulation limiting автоматическое ограничение уровня модуляции

A-modem acoustic modem акустический модем

AMP active medium propagation распространение (электромагнитных волн) в активной среде

amp 1. ampere ампер, А **2. amplifier** 1. усилитель 2. приемник (*прямого усиления*) **3. amplitude** амплитуда

AMPE automatic message processing exchange автоматический коммутатор с обработкой сообщений

amp-hr ampere-hour ампер-час, А·ч

ampl 1. amplifier 1. усилитель 2. приемник (*прямого усиления*) **2. amplitude** амплитуда

AMPS 1. advanced mobile phone service усовершенствованная служба мобильной телефонной связи **2. automatic message processing system** автоматизированная система обработки сообщений

AMR 1. automatic message recording автоматическая запись сообщений **2. automatic message routing** автоматическая маршрутизация сообщений **3. automatic meter reading** телеизмерение

AMS 1. advanced memory system усовершенствованная система запоминания параметров (*телевизионной камеры*) **2. automatic message switching** автоматическая коммутация сообщений

AMSC American Mobile Satellite Corporation Американская корпорация (систем) подвижной сотовой связи

AM/SSB amplitude modulation/single sideband амплитудная модуляция с одной боковой полосой

AMTS 1. advanced mobile telephone service усовершенствованная служба мобильной телефонной связи **2. anti-modulation tape stabilizer** система стабилизации лентопротяжного механизма [ЛПМ], резко уменьшающая вибрацию (*в кассетных стереодеках фирмы Aiwa*)

AMVER Automated Merchant Vessel Report Национальная береговая аварийная радиослужба торгового флота (*США*)

AMUX adaptive multiplexer адаптивный мультиплексор

A/N буквенно-цифровой, алфавитно-цифровой

ANA automatic network analyzer 1. автоматический схемный анализатор 2. автоматический сетевой анализатор

ANC all-number calling *тлф* набор полного номера

ANI automatic number identification *тлф* автоматическое определение номера

ANL automatic noise limiter автоматический шумоподавитель

ANRS automatic noise-rejection system система автоматического шумоподавления

ANS 1. American National Standard Американский национальный стандарт **2. automatic noise suppression (system)** автоматическая система шумоподавления

ans answer ответ; реакция

ANSA Advanced Network System Architecture архитектура усовершенствованной сети (*связи*)

ANSI American National Standard Institute Американский институт национальных стандартов

ant antenna антенна

ANTIVOX antivoice-operated transmission диплексная передача с блокировкой передатчика речевым сигналом

AO acoustooptic акустооптический

AOC 1. automatic overload circuit схема автозащиты от перегрузки **2. automatic overload control** автоматическое устройство защиты от перегрузок

AOF automatized office of future автоматизированный офис будущего

AOM acoustooptic modulator акустооптический модулятор

AP anomalous propagation аномальное распространение (*электромагнитных волн*)

ap aperture 1. апертура, отверстие 2. раскрыв (*антенны*)

APB all-position busy сигнал «все гнезда коммутаторов заняты»

APC 1. adaptive predictive coding адаптивное кодирование с предсказанием **2. automatic phase control** автоматическая подстройка фазы, АПФ **3. automatic power control** автоматическая регулировка мощности **4. average power control** управление по средней мощности

APCM adaptive pulse-code modulation адаптивная импульсно-кодовая модуляция, адаптивная ИКМ

APD 1. acoustical phase distortion акустическое фазовое искажение **2. amplitude probability distribution** распределение вероятностей амплитуды **3. avalanche photodiode** лавинный фотодиод **4. average packet delay** среднее время задержки пакетов **5. average pixel distortion** среднее искажение элемента изображения

APFC 1. automatic phase and frequency control автоматическое регулирование частоты и фазы **2. automatic power and frequency control** автоматическая регулировка частоты и мощности, АРЧМ

APFCS automatic power-factor control system автоматическая система регулирования коэффициента мощности

API application program interface интерфейс прикладной программы

APIC automatic power input controller автоматический регулятор потребляемой мощности

APK amplitude phase-shift keying автоматическая фазовая манипуляция, АФМн

APL 1. automatic picture level автоматическая регулировка уровня видеосигнала **2. average picture level** средняя яркость изображения

APMT Asia Pacific Mobile Telecommunications (проектируемая) Афро-Тихоокеанская сеть сотовой связи

app(ar) apparatus аппарат; устройство; прибор

APPC Advanced Program to Program Communication усовершенствованная сеть межпрограммной связи (*фирмы IBM*)

APPN advanced peer-to-peer networking (protocol) 1. улучшенный протокол одноранговых сетей 2. развитая архитектура одноуровневых сетей

APR 1. acoustic paramagnetic resonance акустический парамагнитный резонанс **2. alphanumeric** алфавитно-цифровой

APS 1. asynchronous protocol specification спецификация асинхронного протокола **2. automatic program search** устройство автоматического выбора программы **3. automatic protection switching** автоматическая защитная коммутация

APSS automatic program search system система автоматического поиска программ

APT 1. analog port telephone аналоговый системный телефонный аппарат, аналоговый системный ТФА **2. automatic picture transmission** телевизионная система с медленной разверткой (*для метеорологических спутников*)

APU auxiliary power unit вспомогательный блок питания

AQSC automatic quality-of-service control автоматическая проверка качества обслуживания

AR 1. amateur radio любительская радиостанция **2. aspect ratio** формат телевизионного экрана

ARA American Radio Association Американская радиоассоциация

ARABSAT Arabian Satellite Арабская система спутниковой связи, Арабская ССС

ARC 1. access-right class канал полномочий доступа **2. adaptive radiocommunication system** адаптивная система радиосвязи **3. automatic range control** автоматическая перестройка по диапазону **4. automatic remote control** автоматическое дистанционное управление, автоматическое ДУ

ARCnet attached-resources computer network компьютерная сеть с присоединенными ресурсами

ARD 1. access right details описание полномочий доступа **2. airborne radiometrics** воздушная радиометрия

ARDA asynchronous reservation-demand assignment асинхронное предоставление каналов по требованию с резервированием

ARI access right identity идентификатор полномочий доступа

ARL acceptable reliability level приемлемый уровень надежности

AROM alterable read-only memory перепрограммируемое постоянное запоминающее устройство, ППЗУ

ARP Address Resolution Protocol протокол разрешения конфликта IP-адреса сетевого уровня с физическим адресом уровня установления соединения (*сети Ethernet*)

ARPA Advanced Research Project Agency *уст.* Агентство по перспективным исследовательским проектам (*см. DARPA*)

ARQ 1. automatic recovery quotient телеграфная система с автообнаружением и исправлением ошибок и неограниченным числом повторений искаженной части сигнала **2. automatic request for repetition** автоматический запрос на повторную передачу

arr(gt) arrangement 1. размещение, компоновка 2. прибор, устройство

ARRL American Radio-Relay League Американская лига радиолюбителей

ARS automatic route selection автоматический выбор маршрута (*в сети*)

ART automatic remote testing автоматические дистанционные испытания

ARTA American Radio Telegraphists Association Американская ассоциация радиотелеграфистов

ARU audio-response unit устройство речевого ответа

ARX automatic retransmission exchange автоматическая ретрансляционная станция

AS 1. application server сервер приложений **2. articulation score** показатель разборчивости речи

ASA 1. American Standards Association Американская ассоциация стандартов **2. automatic spectrum analyzer** автоматический анализатор спектра

ASAP as-soon-as-possible так быстро, насколько это возможно (*о дисциплине обслуживания очередей*)

ASB asymmetrical sideband асимметричная боковая полоса (*в системе передачи*)

ASC 1. access scheduling center центр планирования доступа **2. accountings and statistics center** центр учета и сбора статистики **3. AUTODIN switching center** коммутационный узел сети автоматической цифровой сети связи **4. automatic selectivity control** автоматическая регулировка избирательности **5. automatic sensitivity control** автоматическая регулировка чувствительности

ASCII American Standard Code for Information Interchange Американский стандартный код информационного обмена

ASCR automatic signal-to-clutter ratio отношение средней мощности сигнала к отраженным помехам

ASDSPN automatic switched digital service protection network цифровая сеть с автокоммутацией и защитой от несанкционированного доступа

ASE application service element прикладной сервисный элемент

asg assignment 1. присвоение 2. предоставление 3. распределение

ASI asynchronous serial interface асинхронный последовательный интерфейс

ASIC application specific integrated circuits интегральные схемы прикладной ориентации

ASK amplitude shift keying амплитудная манипуляция, АМн

ASM assembly 1. сборка; компоновка 2. узел; блок 3. комплект

ASN.1 abstract syntax notation one абстрактная синтаксическая система счисления № 1

ASOK analog signal optoelectronic key оптоэлектронный ключ аналогового сигнала, ОКАС

ASP 1. abstract service primitive абстрактный примитив **2. adjunct service point** пункт обслуживания приложений

ASPECT advanced security for personal communication technologies проект повышения конфиденциальности технологий персональной связи

ASPEN automated speech-exchange network автоматизированная сеть обмена телефонными сообщениями

ASR 1. answer seizure ratio коэффициент установленных соединений **2. automatic send-and-receive** автоматический приемопередающий терминал **3. automatic sequence register** регистр автоматической последовательности **4. automatic speech recognition** автоматическое распознавание речи

ASRTN automatic switched road telephone network дорожная автоматическая коммутируемая телефонная сеть, ДАКТС

ASS 1. automatic switching sequences автоматическая последовательность включения **2. automatic synchronous system** автоматическая система синхронной связи

Assy assembly 1. сборка; компоновка 2. узел; блок 3. комплект

AST 1. asynchronous system trap асинхронное внутреннее прерывание **2. automatic scan tracking** автотрекинг (головок видеомагнитофона)

ASTRO Antarctics Submillimeter Telescope and Remote Observatory Антарктическая обсерватория с отдельно стоящим субмиллиметровым радиотелескопом

ASTTN automatic switched trunk telephone network междугородная автоматическая коммутируемая телефонная сеть, МАКТС

ASU 1. acknowledgment signal unit *тлф* блок квитирования, блок формирования сигнала подтверждения **2. auto setup unit** блок автоматической настройки

ASW acoustic surface wave поверхностная акустическая волна, ПАВ

AT 1. advanced television перспективное телевидение **2. Apple Talk (Protocol)** протокол Apple Talk **3. asynchronous transmission** асинхронная передача **4. attention** командный префикс модема Hayes-стандарта **5. automatic translation** автоматический перевод

at ampere-turn ампер-виток

AT&T American Telephone and Telegraph (Company) Американская телефонно-телеграфная компания

ATB all trunk busy состояние занятости всех междугородных линий группы

ATC adaptive transform coding адаптивное кодирование с преобразованием

ATCRBS air traffic control radar beacon system радионавигационная система управления воздушным движением

ATDM asynchronous time division multiplexing асинхронное уплотнение с временным разделением каналов

ATE automatic test equipment автоматическое испытательное оборудование

ATEL Advanced Television Evaluation Laboratory лаборатория аттестации систем перспективного телевидения

ATF adaptive transversal filter адаптивный фильтр поперечных мод

ATL artificial transmission line модель линии передачи

ATM 1. asynchronous transfer mode режим асинхронной передачи, РАП **2. automatic teller machine** банкомат

ATOM advanced terminal of operation and maintenance усовершенствованный терминал эксплуатации и техобслуживания

ATON active token ring network сеть обмена телефонными сообщениями с маркерным доступом

ATP automatic telephone payment автоматическая система оплаты междугородных телефонных переговоров

ATPG automatic test-pattern generation автоматическая генерация тестовых кодов

ATR 1. antitransmit-receive (switch) разрядник блокировки передатчика **2. audio tape recorder** магнитофон

ATS 1. automated test system автоматизированная испытательная система **2. automatic telemetering system** автоматическая система телеизмерений **3. Automatic Television Society** Американское телевизионное общество **4.** *банк.* **automatic transfer system** система автоматического перевода денежных средств **5. automatic troubleshooting system** автоматическая система диагностики

ats ampere-turns ампер-витки

ATSC Advanced Television System Committee комитет систем перспективного телевидения

ATTC Advanced Television Test Center центр испытаний систем перспективного телевидения

ATV 1. Advanced Television усовершенствованное [перспективное] телевидение **2. amateur television** любительское телевидение **3. automatic threshold variation** автоматическое изменение порога

AU 1. administrative unit управляющий блок **2. arithmetic unit** арифметическое устройство, АУ

AUC authentication center центр аутентификации

AUDIX audio information exchange коммутатор телефонных сообщений

AUG administrative unit group группа управляющих блоков

AUI 1. access unit interface интерфейс устройств доступа **2. attachment unit interface** интерфейс подключаемых устройств (*сети Ethernet*)

AUIRN All-Union interconnection radio network Общесоюзная радиосеть взаимодействия

AUSSAT Australian Satellite (system) Австралийская система спутниковой связи, Австралийская ССС

AUTODIN automatic digital network Автодин, автоматическая цифровая сеть связи

AUTOMEX automatic message exchange автоматический коммутатор сообщений

AUTOSEVOCOM Automatic Secure Voice Communication Network автоматическая сеть телефонной связи с защитой от подслушивания

AUTOVON Automatic Voice Network *уст.* автоматическая сеть телефонной связи

AUX, aux auxiliary вспомогательный

AV audio-visual аудиовизуальный

AVA active Van Atta array активная антенная решетка Ван-Атта, активная АР Ван-Атта

AVC 1. automatic voltage control автоматическая регулировка напряжения **2. automatic volume compression** автоматическое сжатие динамического диапазона **3. automatic volume control** автоматическая регулировка громкости, АРГ

AVD alternate voice/data поочередная передача речи/данных

AVE 1. automatic volume expander экспандер **2. automatic volume expanding** экспандирование

avg average среднее значение

AVI audiovisual аудиовизуальный

AVLS automatic volume limiting system система автоматической регулировки громкости (*усилителя фирмы Sony*)

AVNL 1. automatic video noise leveling автоматическая регулировка уровня шумов в полосе частот видеосигнала **2. automatic video noise limiter** автоматический ограничитель шумов в полосе частот видеосигнала **3. automatic video noise limiting** автоматическое ограничение шумов в полосе частот видеосигнала

AVNP Automatic Virtual Network Protocol протокол автономной виртуальной сети

AVT address vector table таблица адресных векторов

AWG American Wire Gage американский сортамент проводов и проволок

AWGN additive white Gaussian noise аддитивный белый гауссов шум

AWL automatic white level автоматическая регулировка уровня белого

AWT automatic white tracking *тлв* автоматическое отслеживание белого

AYT are you there? «Вы слушаете?» пакет контроля линий связи, передаваемый по сети

AZ, az azimuth азимут

AZS automatic zero set автоматическая установка нуля

B

B, b 1. bandwidth ширина полосы частот **2. battery** аккумулятор **3. bel** бел, Б **4. bias** смещение **5. bit** бит **6. bond** связь, соединение **7. branch** 1. ветвь, 2. часть сети, содержащая более двух выходных элементов, включенных последовательно 3. фаза 4. плечо (*моста*) 5. ветвление (*программы*) **8. brightness** яркость **9. broadcast** 1. радиовещание 2. телевизионное вещание 3. рассылка (*факсов*) **10. byte** байт

BA 1. battery батарея **2. bell alarm** 1. тревожная сигнализация 2. система тревожной сигнализации **3. bridging amplifier** 1. оконечный усилитель опорной усилительной станции 2. усилитель с большим входным сопротивлением

BABT British Approval Board for Telecommunications Британский совет по утверждению программ развития телекоммуникаций

BAC 1. binary analog conversion цифроаналоговое преобразование **2. binary asymmetric channel** двоичный канал передачи данных

BACnet Building Automation and Control network автоматическая сеть управления строительством

BAE beacon antenna equipment антенная система радиомаяка

bal balance равновесие, баланс

balun 1. balanced-to-unbalanced отношение сбалансированный/несбалансированный (*о параметре*) **2. balancing unit** симметрирующее устройство

B&W black-and-white *тлв* черно-белый

BAS broadband access switch широкополосный коммутатор доступа

basecom base communications базовые средства связи

BAT bouquet-association table *тлв* таблица с информацией о группировке программ по тематике

bat battery аккумулятор

BAUD Baudot code *тлг* код Бодо

BAW bulk acoustic wave объемная акустическая волна

BB 1. baseband основная полоса **2. beacon buoy** радиобуй **3. black burst** защитный интервал **4. broadband** широкополосный (*о канале связи*)

5B6B five data bits, six transmission bits передача по схеме «пять битов данных, шесть управляющих битов»

BBC British Broadcasting Corporation Британская радиовещательная корпорация, Би-Би-Си

BBD bucket-brigade charge-coupled device ПЗС типа «пожарная цепочка»

BBDL bucket-brigade delay line линия задержки на ПЗС типа «пожарная цепочка»

BBN broadcast banyan network схема коммутации с автоблокировкой, работающая в широковещательном режиме

BBS bulletin-board service электронная служба сообщений, Би-Би-Эс

BC 1. broadcast радиовещание **2.** обозначение радиовещательных станций (*принятое Международным союзом электросвязи*) **3. bus clock** синхронизация шины

BCB broadcast band 1. полоса частот АМ-радиовещания 2. обозначение радиовещательных станций (*принятое Международным союзом электросвязи*)

BCC block-check character символ проверки блока

BCCH broadcast control channel широковещательный канал управления (*передачей*)

BCDN binary-coded decimal notation десятичная система счисления с двоичным кодированием

BCF обозначение радиовещательных станций с частотной модуляцией (*принятое Международным союзом электросвязи*)

BCFSK binary-coded frequency shift keying двухпозиционная частотная манипуляция

BCH Bose-Chaudhuri-Hocquenguem код Бозе-Чоудхури-Хоквингема

BCI 1. binary coded information двоично-кодированная информация **2. bit-count integrity** целостность контрольной суммы битов **3. broadcast interference** помеха от радиовещательной станции **4.** обозначение международных радиовещательных станций (*принятое Международным союзом электросвязи*)

BCM body-control module кузовной пульт управления (*системы автоматического управления автомобилем*)

BCN 1. broadband communication network широкополосная сеть связи **2. broadcast channel number** номер широковещательного канала **3. business-communication network** сеть бизнес-связи

Bd baud бод, бит/с

BDAM basic direct access method базисный прямой метод доступа

BDB British Digital Broadcasting Британское цифровое вещание

BDF beam deviation factor коэффициент отклонения луча

BDLC base data link control радиомодем для базовой станции

bdst broadcast вещательная передача

BDT Telecommunication Development Bureau Бюро развития электросвязи (*одноименного сектора Международного союза электросвязи*)

BE 1. basic equipment основное оборудование **2. bulk eraser** размагничивающий дроссель **3. bus exchange** коммутация шин

BEAMOS beam-accessed metal-oxide semiconductor ЗУ на запоминающей ЭЛТ с полупроводниковой мишенью и электронной адресацией

BEC Broadcasting Engineering Conference конференция по технике ТВ-вещания

BECN backward explicit congestion notification явное предуведомление о перегрузке (*сети связи*)

BEF band-elimination filter режекторный фильтр

BELC bell character символ управления звуковым сигналом

BEP bit-error probability вероятность битовой ошибки

BER bit-error rate частота появления ошибочных битов

BERT 1. bit-error rate test контроль частоты появления ошибочных битов **2. bit error rate tester** устройство контроля коэффициента ошибочных битов

BESA British Electrical System Association Британская ассоциация электротехнических систем

BEST biconditional equalized signal tracking система коррекции изображения для повышения качества записи/воспроизведения (*видеофонограмм*)

Betacam Beta camera стандарт раздельной аналоговой записи на 13-миллиметровую металлопорошковую ленту

BETRS Basic Exchange Telecommunication Radio Service базовая служба радиосвязи

BEX broadband exchange 1. широкополосный коммутатор 2. коммутация вещательных программ

BF 1. bandpass filter полосовой фильтр **2. beam forming** формирование луча *или* пучка **3. beat frequency** частота биений

BFBS 1. British Forces Broadcasting Service радиовещательная служба Вооруженных сил Великобритании **2. British Forces Broadcasting Station** радиовещательная станция Вооруженных сил Великобритании

BFD beat-frequency detection гетеродинный прием

BFN beam forming network схема формирования луча

BFO beat-frequency oscillator генератор биений (*частоты*)

B-frame кадр, формируемый способом предсказания вперед/назад, В-кадр

BFT Binary File Transfer передача двоичных файлов

BGP Border Getaway Protocol протокол пограничного шлюза

BGS broadband group switch групповой коммутатор широкополосных сигналов

BH buried heterostructure скрытая гетероструктура

BHC busy hour calls *тлф* пропускная способность линии в часы наибольшей загрузки

B-ICI Broadband Inter-Carrier Interface широкополосный межстанционный стык

BiCMOS Bipolar Complementary Metal Oxide Silicon биполярная комплементарная МОК-структура (*структура металл – оксид – диэлектрик*)

BIFT backside-illuminated frame transfer *тлв* кадровый перенос изображения с тыловым освещением

BIGFON broadband integrated optical-fiber local network широкополосная интегральная сеть с волоконно-оптическими линиями (*Германия*)

BII basic impulse isolation базовый уровень выделения импульса

BIM bit-interleaved multiplexing уплотнение с чередованием битов

bin binary 1. бистабильное устройство или схема **2.** *вчт* двоичный

b/in bit-per-inch битов на дюйм

BIOS basic input/output system базовая система ввода-вывода

BIP 1. bit-interleaved parity четность чередования битов **2. built-in pulser** встроенный генератор импульсов

BIR bit-error rate коэффициент битовых ошибок

BIRE British Institute of Radio Engineers Британский институт радиоинженеров

BIS business information system деловая информационная система

BISDN broadband integrated services digital network широкополосная цифровая сеть с интегрированным обслуживанием

BISPBX broadband integrated service private branch exchange широкополосная интегрированная служба УАТС

BISUP broadband ISDN user part широкополосная подсистема пользователя цифровой коммутируемой сетью интегрированного обслуживания с цифровой коммутацией (каналов)

BISYNC, bisync binary synchronous communication синхронная передача двоичных данных

BIT built-in test встроенный контроль

bit binary digit двоичный разряд

BITE built-in test equipment встроенное испытательное оборудование

BIU bus interface unit шинный интерфейсный блок

BJCB British Joint Communication Council Британский объединенный совет по связи

BJT bipolar junction transistor биполярный плоскостной транзистор

BL 1. band limited с ограниченной полосой (*пропускания*) **2. base line** линия развертки

BLAST blocked asynchronous transmission поблочная асинхронная передача

blc 1. black черный **2. block** 1. блок, узел 2. блок данных 3. (контактная) колодка 4. блокировка

BLER block-error rate коэффициент блоковых ошибок

BLIP background-limited infrared photoconductor материал с фотопроводимостью в инфракрасном диапазоне, ограниченной фоновым излучением

BLL baud-lock loop система автоподстройки по скорости передачи, выраженной в бодах

BMA block matching algorithm алгоритм согласования блоков

BMS bus-matrix switch матричный коммутатор каналов

BN binary 1. бистабильное устройство; бистабильная схема 2. *вчт* двоичный

BNC bayonet-normalized connector стандартный байонетный соединитель, BNC-соединитель

BnZS bipolar with n-zero substitution линейный телекоммуникационный код с заменой каждого n-го нуля в цепочке единицей

BO 1. beat oscillator гетеродин **2. blackout** временное нарушение радиосвязи **3. blocking oscillator** блокинг-генератор

BOC Bell Operating Company одна из семи телефонных компаний, отделившихся от AT&T

bolovac bolometric voltage-and-current (standard) болометрический эталон напряжения и тока

BOLT beam-of-light transistor оптотранзистор

BOMUDEX bidirectional optical multiplexer and demultiplexer аппаратура уплотнения/разделения каналов для дуплексной оптической связи

BOP Bit-Oriented Protocol бит-ориентированный протокол, протокол побитовой передачи данных

BORSHT Battery-feed, Overvoltage-protection, Ringing, Supervision, Hybrid, Testing *тлф проф.* «борщ» (*совокупность функций интерфейса телефонной линии: батарейное питание, защита от перенапряжения, подача вызывного напряжения, анализ состояния линии, преобразование двухпроводной линии в четырехпроводную*)

BOS base operation system базовая операционная система, базовая ОС

BOT beginning of tape маркер начала магнитной ленты

BP 1. bandpass полосовой **2. blocking probability** вероятность потери вызова **3. bypass** 1. обход || обходной 2. шунт 3. пассивное состояние (охраняемой) зоны

BPBC British Printing and Broadcasting Corporation Корпорация работников печати и радиовещания (*Великобритания*)

BPF bandpass filter полосовой фильтр

bpi 1. bit-per-inch битов на дюйм **2. byte-per-inch** байтов на дюйм

B-picture *см.* **B-frame**

BPL bandpass limiter полосовой ограничитель

BPM biphase modulation *тлг* двухпозиционная фазовая манипуляция, двухпозиционная ФМн

BPON broadband passive optical network широкополосная пассивная сеть оптической связи

bps bit-per-second битов в секунду, бит/с

BPSK binary phase-shift keying двухпозиционная фазовая манипуляция, двухпозиционная ФМн

BPU basic processing unit центральный процессор, ЦП

BR 1. bit rate скорость передачи двоичных данных **2. branch** ответвление, отвод **3. brass** латунь **4. bridge** 1. (измерительный) мост, мостовая схема 2. электрический шунт 3. микшер **5. Radiocommunication Bureau** Бюро радиосвязи (*Международного союза электросвязи*)

BRA basic-rate access доступ (в Интернет) на базовой скорости

BRC bit-rate conversion преобразование скорости передачи двоичной информации

BRCS broadband remote control switch широкополосный коммутатор с дистанционным управлением

brdcst broadcast 1. радиовещание 2. телевизионное вещание, ТВ-вещание 3. рассылка (*напр. факсов*)

brdg bridge 1. (измерительный) мост, мостовая схема 2. электрический шунт 3. микшер

BRF band-rejection filter полосовой режекторный фильтр

BRI basic-rate interface интерфейс, обеспечивающий базовую скорость передачи данных (*для подключения отдельных абонентов и организаций к цифровой сети с интегрированными услугами*)

BRR bit-rate reduction *тлв* функция уменьшения светового потока

BS 1. base station центральная станция (*связи*) **2. British Standard** Британский стандарт

b/s bit-per-second битов в секунду, бит/с

BSA 1. basic serving arrangement оборудование коммутации и передачи данных, предоставляемое телефонной компанией провайдеру с расширенным набором услуг для подключения абонентов к сети связи (*напр. Интернет*) **2. bus-state analyzer** анализатор состояния шин

BSAM basic sequential access method базисный последовательный метод доступа

BSBH busy season – busy hour период наибольшей загрузки – час наибольшей загрузки

BSC 1. base station code код базовой станции **2. base station controller** контроллер базовой станции, КРБС **3. binary symmetric channel** двоичный симметричный канал **4. binary synchronous communication** синхронная передача двоичных данных **5. binary synchronous control (protocol)** протокол синхронной передачи двоичных данных

BSCF base station control function функция управления базовой станцией (*системы спутниковой связи*)

BSCU base station control unit блок управления базовой станцией (*системы спутниковой связи*)

BSDC binary symmetric dependent channel зависимый симметричный канал передачи двоичных данных

BSE basic service element базовый компонент, необходимый провайдеру с расширенным набором услуг для предоставления его клиентам доступа в сеть (*напр. Интернет*)

BSG British Standard Gage Британский сортамент проводов и проволоки

BSI British Standard Institution Институт стандартов Великобритании

BSIC 1. base station identification code идентификационный код базовой станции **2. binary symmetric independent channel** независимый симметричный канал передачи двоичных данных

BSMV bistable multivibrator бистабильный мультивибратор

BSS 1. base station system оборудование базовой станции (*в системе мобильной связи*) **2. broadband switching system** широкополосная коммутационная сеть **3. broadcasting satellite service** радиовещательная спутниковая служба

BST beam-switching tube электронно-лучевой коммутатор

BSU base station unit базовая станция

BSWG British Standard Wire Gage Британский сортамент проводов и проволоки

BTAM base telecommunication access method базисный телекоммуникационный метод доступа

BTE business terminal equipment оконечное оборудование (сети) бизнес-связи

BTF binary transversal filter двоичный трансверсальный фильтр

BTM best tuning memory функция запоминания станций в зоне устойчивого приема (*о тюнере*)

BTMA busy tone multiple access многостанционный доступ с тональным сигналом занятости

BTN 1. billing telephone number платный телефонный номер **2. button** кнопка *или* клавиша

BTP bulk transfer protocol протокол передачи массивов данных

BTR 1. bit-timing recovery восстановление тактовой синхронизации символов **2. bit transfer rate** скорость передачи данных (*бит/с*)

BTS 1. base transceiver station базовая приемопередающая станция, БППС **2. batch terminal simulation** имитация главного терминала **3. broadcast television system** система вещательного телевидения

BTU basic transmission unit основной блок передачи данных

BUPS beacon, ultra-portable, S(-band) портативный радиомаяк S-диапазона

BUPX beacon, ultra-portable, X(-band) портативный радиомаяк X-диапазона

BVA British Videogram Association Британская ассоциация видеозаписи

BW 1. bandwidth ширина полосы (*частот*) **2. beam width** ширина пучка **3. bell wire** звонковый (сигнальный) провод **4. black-and-white** *тлв* черно-белый

BWA backward amplifier усилитель обратной волны

BWC 1. backward-wave converter преобразователь на лампе обратной волны, преобразователь на ЛОВ **2. beam-width compressor** устройство сжатия пучка

BWG Birmingham Wire Gage Бирмингемский сортамент проводов и проволоки

BWO backward-wave oscillator генератор на лампе обратной волны, генератор на ЛОВ

BWS slot bandwidth ширина полосы пропускания временного интервала

BWT transponder bandwidth ширина полосы пропускания ствола системы спутниковой связи, ширина полосы пропускания ствола ССС

C

C **1. capacitance**, **capacity** электрическая емкость **2. capacitor** конденсатор **3. cathode** катод **4. cell** элемент, ячейка **5. chirp** линейно-частотно-модулированный импульс, ЛЧМ-импульс **6. chrominance** цветность **7. circuit** 1. схема; цепь; контур 2. линия 3. канал 4. сеть **8. code** код **9. coefficient** коэффициент, константа **10. coil** 1. (электромагнитная) катушка 2. спираль 3. виток; обмотка 4. трансформатор **11. collector** 1. коллектор 2. токоприемник, электроприемник 3. анод **12. conductivity** удельная электропроводность **13. conductor** проводник **14. container** контейнер (*для хранения транспортных сигналов*) **15. control** контроль; регулировка; управление **16. core** 1. сердечник (*катушки, трансформатора*) 2. жила **17. coulomb** кулон, Кл **18. current** электрический ток **19. cycle** цикл; такт; период, периодический процесс

C^3 **command, control and communication** функции управления, контроля и связи (*командования Вооруженными силами США*)

c **centi** санти-, 10^{-2}

CA **1. camera adapter** камерный адаптер **2. chopper amplifier** усилитель переменного тока [УПТ] с модуляцией и демодуляцией сигнала **3. clutter attenuation** ослабление сигналов мешающими отражениями **4. communication adapter** коммуникационный адаптер **5. conditional access** условный доступ **6. customer address** 1. адрес абонента 2. *тлф* номер абонента

CAC **connection admission control** управление с установлением входного соединения

CACS **centralized alarm control system** централизованная система сигнализации

CACSD computer-aided control system design автоматизированное проектирование систем управления, АПСУ

CAD 1. computer-aided design [drafting] автоматизированное проектирование **2. conditional access device** блок условного доступа

CADAT computer-aided design-and-test (system) система автоматизированного проектирования и тестирования

CADMAT computer-aided design, manufacture and test (system) система автоматизированного проектирования, производства и тестирования

CAE communication-and-electronics средства телекоммуникационной радиоэлектроники

CAG cyclic address generator циклический генератор адресов

cal 1. calibrated калиброванный **2. calibration** 1. градуировка, калибрование 2. поверка

CAM 1. cascade-access method каскадный метод доступа **2. computer-aided manufacturing** автоматизированное производство **3. conditional access module** модуль условного доступа **4. content-addressable memory** ассоциативное запоминающее устройство, ассоциативное ЗУ

CAMA centralized automatic message accounting *тлф* автоматический централизованный учет телефонных переговоров

CAMAC computer-automated measurement and control система автоматизированного управления и измерения

CAMIS computer-assisted makeup and imaging system автоматизированная система верстки и формирования изображения

CAN 1. cancel (character) символ запрета **2. controller area network** зона обслуживания контроллером **3. customer-access network** сеть абонентского доступа

C&C computer-and-communication средства вычислительной техники и связи

CAP 1. competitive access provider провайдер, конкурентоспособный по спектру услуг, предоставляемых клиентам **2. computer-assisted printing** печать на компьютеризованном оборудовании

car carrier 1. несущая 2. *тлв* поднесущая 3. служба связи; поставщик услуг связи 4. оборудование связи

CARS 1. cable-television relay-service[-station] релейная станция системы кабельного телевидения **2. constant-angle reflection spectroscopy** интерференционная спектроскопия в отраженном свете при постоянном угле падения

CAS centralized-attendant service централизованная служба приема и обработки информации

cas 1. case 1. кожух, корпус 2. кассета, футляр **2. casualty** авария

CASE 1. computer-aided software engineering автоматизированное проектирование **2. computer-aided system engineering** разработка системного программного обеспечения

CAST computer-aided software testing компьютерное тестирование программного обеспечения

CAT 1. channel-activity table таблица активности каналов **2. computerized axial tomography** осевая компьютерная томография **2. conditional access table** таблица условного доступа

CATS 1. combined-area telephone system система телефонной связи в объединенной зоне **2. computer-actuated typesetter** *полигр.* наборный автомат

CATV 1. cable television кабельное телевидение **2. community antenna TV** телевидение с коллективной антенной

CAV 1. component-analog video компонентное аналоговое телевидение **2. constant angular velocity** постоянная угловая скорость (*вращения компакт-диска*)

CAVEC chroma-and-velocity corrector *тлв* корректор ошибок цветности и скорости

CAX community automatic exchange малая автоматическая телефонная станция, малая АТС

CAW 1. channel-address word адресное слово канала **2. common aerial working** прием и передача с одной антенной

CB 1. carrier band полоса несущей **2. check bit** контрольный разряд **3. circuit breaker** выключатель **4. citizens band** полоса частот гражданской связи **5. collector bias** сеточное смещение **6. common base** общая база **7. control board** 1. пульт управления, ПУ 2. приборный щиток

CBC Canadian Broadcasting Corporation Канадская радиовещательная корпорация, Си-Би-Си

CBDS Connectionless Broad(band) Data Service широкополосная служба передачи данных без предварительного установления соединения

CBP coded-block pattern структура кодированного блока

CBR constant bit rate постоянная скорость передачи данных

CBX computer branch exchange учрежденческая АТС, УАТС

CC 1. call-on-carry *тлф* вызов по переносу **2. central computer** центральная ЭВМ **3. channel controller** канальный контроллер **4. color cancellation** *тлв* подавление цвета **5. color corrector** цветовой корректор

cc 1. color component цветовая компонента **2. continuous current** непрерывный ток

CCA 1. common communication adapter многоцелевой телекоммуникационный адаптер **2. conceptual communication area** концептуальная среда связи **3. contention channel access** доступ с конкуренцией каналов

CCAIS charge-coupled area image sensor матричный формирователь сигналов изображения на ПЗС

CCB Combined Communications Board объединенный комитет по связи

CCC 1. charge-coupled camera камера на приборе с зарядовой связью, камера на ПЗС **2. command, control and communication** функции управления, контроля и связи (*командования Вооруженными силами США*) **3. Communication Common Carrier** общественная служба передачи данных

CCCD cascade charge-coupled device каскадный прибор с зарядовой связью, каскадный ПЗС

CCCI command, control, communications and intelligence (system) система управления, контроля, связи и внешней разведки (*командования Вооруженными силами США*)

CCCS 1. Collins Control and Communication System система управления и связи Коллинза **2. current-controlled current source** источник тока, управляемый током

CCD 1. charge-coupled device прибор с зарядовой связью, ПЗС **2. common channel distributor** распределитель каналов

CCCH common control channel общий канал управления

CCF common communication format единый коммуникационный формат

CCH Council for Communications Harmonization Координационный совет по согласования стандартов связи

C/C/H connection per circuit per hour соединений на линию в час

CCI 1. charge-coupled imager формирователь изображения на приборах с зарядовой связью, формирователь изображения на ПЗС **2. cross-channel interference** межканальные помехи

CCIR International Consultative Committee of Radiocommunication Международный консультативный комитет по радиосвязи, МККР

CCIS common-channel interoffice signaling межофисная связь по совмещенному каналу

CCIT 1. International Telegraphic Consultative Committee Международный консультативный комитет по телеграфии, МККТЛГ (*позднее в составе Международного консультативного комитета по телефонии и телеграфии – МККТТ*) **2. International Telephone Consultative Committee** Международный консультативный комитет по телефонии, МККТЛФ (*позднее в составе Международного консультативного комитета по телефонии и телеграфии – МККТТ*)

CCITT Consultative Committee for International Telegraphy and Telephony Международный консультативный комитет по телефонии и телеграфии, МККТТ (*прежнее название Международного союза электросвязи – МСЭ*)

CCL 1. charge-coupled logic логические схемы с зарядовыми связями **2. communication-control language** язык передачи сообщений

CCM communication-control module модуль управления системой связи

CCME communications and constructions metallic elements металлические элементы сооружений связи

CCN computer-communication network сеть связи с ЭВМ

CCNC common channel network control сетевое управление по общему каналу сигнализации

CCP communication-control package пакет управления передачей сообщений

CCR 1. central control room *тлв* центральная техническая аппаратная **2. commitment, concurrency and recovery (protocol)** протокол передачи, согласования и возврата

CCS 1. calling customer service служба вызывающего абонента **2. collective call sign** коллективные позывные **3. common-channel signaling** общеканальная сигнализация **4. composite control signal** полный [композитный] управляющий сигнал

CCSA common control switching arrangement оборудование коммутации частных сетей, управляемое цифровой сетью с интегрированными услугами [ЦСИУ]

CCSS7 common channel signaling system number 7 система сигнализации по общему каналу № 7

cct circuit 1. схема; цепь; контур 2. линия 3. канал 4. сеть

CCTS computer-controlled type-setting *полигр.* автоматизированный набор

CCTV closed-circuit television замкнутая система телевизионного наблюдения, замкнутая система ТВ-наблюдения

CCVE closed-circuit video equipment замкнутая система телевизионного наблюдения, замкнутая система ТВ-наблюдения

CCU 1. camera-control unit блок управления видеокамерой **2. central control unit** главный блок управления **3. communication control unit** блок управления передачей 4. **crypto control unit** блок управления шифрованием

CCW 1. cable-cutoff wavelength длина волны отсечки мод второго порядка одномодового оптического кабеля **2. channel command word** управляющее слово канала

ccw counterclockwise против часовой стрелки

CD 1. calling device вызывное устройство **2. change directory** «Перейдите в другую директорию» **3. collision detection** обнаружение конфликтов **4. compact disk** компакт-диск **5. current density** плотность электротока

C^{3}D cascade charge-coupled device каскадный прибор с зарядовой связью, каскадный ПЗС

cd 1. candela кандела, кд **2. code** код; программа

CDB common data bus общая шина данных

CDC 1. call directing code код идентификации вызова **2. common data channel** общий канал передачи данных **3. countdown counter** счетчик, работающий в режиме вычитания

CDDI 1. coaxial distributed data interface интерфейс передачи данных по коаксиальному кабелю **2. copper data distributed interface** интерфейс передачи данных по медному кабелю

CDF combined distribution frame кадр, сочетающий функции главного и промежуточного распределительных кадров

CDM code multiplex кодовое уплотнение (*каналов*)

CDMA code-division multiple access коллективный доступ с кодовым разделением каналов

CDO community dial office коммутационная АТС общего пользования

CDPD cellular digital packet data цифровые пакетные данные, передаваемые по сети сотовой связи

CDPSK coherent different phase-shift keying когерентная дифференциальная фазовая манипуляция

CDR call-detail recording регистрация телефонных вызовов (*для подсчета абонентской платы*)

CD-R compact disk recordable компакт-диск нестираемой записи

CD-ROM compact-disk read-only memory 1. компакт-диск 2. устройство чтения компакт-дисков

CD-RW compact disk rewritable компакт-диск многоразовой записи с поддержкой стирания

CDS community digital standards цифровые стандарты

CDT control-data terminal терминал управления передачей данных

CDTV conventional definition television традиционная телевизионная система, традиционная ТВ-система (*об NTSC*)

CDU central display unit главный монитор

CDV cell-delay verification верификация задержки ячейки (*системы сотовой связи*)

CD-V compact disk-video видеокомпакт-диск

CD-WORM compact disk write once read many компакт-диск многократного чтения и одноразовой записи

CE 1. communication electronics электроника средств связи **2. concurrent editing** параллельный видеомонтаж

CEBus Consumer Electronics Bus электронная абонентская шина

CED Communication Engineering Department Министерство связи Великобритании

CEI comparably efficient interconnection концепция равной доступности расширенных услуг телекоммуникационной компании для всех абонентов ее сети (*Федеральной комиссии связи*)

CELP code-excited linear prediction линейное предсказание с кодированием (*при аналого-цифровом преобразовании речи*)

CEM channel-electron multiplier электронный канальный умножитель

CEMF counter-electromotive force противоэдс

CEPS color electronic prepress system *полигр.* электронная система допечатной обработки цветных изображений

CEPT Conference of European Postal and Telecommunications (Operators) Европейская конференция администраций почт и компаний связи

CES coast(al) earth station береговая земная станция связи

CETEL Center for Telecommunication Study центр исследований по электросвязи

CF 1. call finder *тлф* искатель вызовов **2. carrier frequency** частота несущей **3. composite footprint** композитные искажения **4. constant frequency** постоянная частота **5. conversion factor** коэффициент преобразования

CFA cross-field amplifier усилитель магнетронного типа

CFAR constant false-alarm rate постоянная вероятность ложных тревог

CFF critical fusion frequency *тлв* частота слияния мельканий

CFS center-frequency stabilization стабилизация частоты несущей

CFT continuous Fourier transform непрерывное преобразование Фурье

CGI 1. Common-Gate Interface общий шлюзовой интерфейс **2. computer graphics images** компьютерная графика

CGM computer graphics metafile метафайл прикладного графического программного обеспечения

CGS centimeter-gram-second сантиметр, грамм, секунда (*система измерений*)

CH 1. chain цепь **2. channel** 1. радиоканал, полоса частот шириной 10 кГц, предоставленная службам радиосвязи 2. ТВ-канал, полоса частот шириной 6 МГц, предоставленная службам ТВ-вещания 3. тракт 4. дорожка **3. check** контроль

CHAS channel assignment service служебное сообщение о распределении каналов

CHDB compatible high-density bipolar code биполярный код с высокой плотностью

CHF characteristic frequency характеристическая частота

ChR channel reliability надежность канала

cht chart диаграмма, таблица

C/I carrier-to-interference ratio отношение мощности несущей к уровню помехи

C^3I command, control, communication and intelligence система управления, контроля, связи и внешней разведки (*командования Вооруженными силами США*)

CIC 1. circuit-identification code код идентификации канала **2. content identification code** код идентификации содержания

CID 1. caller identification определение (номера) вызывного устройства **2. charge injection device** прибор с зарядовой инжекцией

CIDIN Common Internal Data Interchange Network СИДИН (*международная сеть обмена данными*)

CIDR classless interdomain routing бесклассовая междоменная маршрутизация

CIFAX ciphered facsimile шифрованная факсимильная связь

CIN constant impedance notch объединение выходных сигналов изображения и звукового сопровождения

CIP 1. call-information processing обработка данных о вызовах **2. complex information processing** комплексная обработка информации

ciphony ciphered telephony засекреченная телефонная связь

CIR 1. call insertion rate коэффициент вставки ячейки (в сеть сотовой связи) **2. carrier-to-interference ratio** отношение мощности несущей к уровню помехи **3. circuit** схема; контур **4. committed information rate** гарантированная скорость передачи данных **5. current-instruction register** регистр текущих команд

CiR circuit reliability надежность линии

CIRC cross-interleaved Reed-Solomon (code) код Рида – Соломона с чересстрочным перемежением

CIS 1. commited interface system система сопряжения со средствами связи **2. communication-interface system** система сопряжения со средствами связи

CIT 1. communication-and-information technology технология связи и передачи информации **2. computer-integrated telephony** компьютерная телефония

CKSN ciphering key-sequence number порядковый номер ключа шифрования

CL 1. cable line кабельная линия **2. closed loop** замкнутый контур **3. contact loss** 1. нарушение контакта 2. потери в контактах **4. liquid crystal** жидкий кристалл, ЖК

cl coil 1. (электромагнитная) катушка 2. спираль 3. виток; обмотка 4. трансформатор

CLA communication-line adapter адаптер линии связи

CLASS custom local area signaling service служба передачи данных местной АТС

classmark class-of-service mark *тлф* код категории обслуживания

CLE conventional linear equalizer стандартный линейный корректор

CLF capacity-loss factor коэффициент потерь мощности

clg calling line *тлф* запрашивающая линия

CLN connectionless network сеть связи с обслуживанием абонентов без предварительного установления соединения

CLNP connectionless network protocol протокол передачи данных без предварительного установления соединения

CLNS connectionless network service сетевая служба связи без предварительного установления соединения

CLP call-loss priority *тлф* приоритет в игнорировании вызова

CLR cell-loss rate коэффициент выпадения ячейки (*из сети сотовой связи*)

CLSS communication-line subsystem подсистема связи

CLT 1. communication line terminal терминал линии связи **2. connectionless transport service** транспортная служба без установления соединения

CM 1. communications средства связи **2. connections management** управление соединением

cm centimeter сантиметр, см

CMAC compatible multiplexed analog component совместимая система уплотнения аналоговых компонентов

CMC ciphering mode command команда перехода в режим шифрования

CMCN continental marine communication network континентальная сеть морской связи

CMI coded mark inversion *тлг* инверсия кодовой посылки

CMIP Common Management Information Protocol общий протокол управления передачей данных (*на удаленный компьютер*)

CMIS common-management information service служба интерфейсной поддержки общего протокола управления передачей данных

CMISE common-management information service element общий служебный элемент управления

CMOS complementary metal-oxide-semiconductor комплементарная структура металл – оксид – полупроводник, комплементарная МОП-структура

cmpr computer (персональный) компьютер, ПК

CMR common-mode rejection ослабление синфазного сигнала

CMRR common-mode rejection ratio коэффициент ослабления синфазного сигнала

CMS color management system система управления цветом

CMT communications-and-telegraphy интеграция телеграфии и других средств связи

CMY Cyan Magenta Yellow CMY-система цветоделения, система цветоделения «голубой – пурпурный – желтый»

C/N carrier-to-noise отношение сигнал – шум

cnct connect соединять; включать

CNI common-network interface универсальный сетевой стык, универсальный сетевой интерфейс

CNN cable news network кабельная сеть передачи новостей

CNR 1. carrier-to-noise ratio отношение сигнала на несущей к шуму **2. chroma-noise reduction** *тлв* шумоподавление в канале цветности **3. combat-net radio** радиосеть командования (*США*)

CNS complementary network service сетевая служба с дополнительными услугами

cntr counter счетчик, счетная схема

CO 1. central office центральная (телефонная) станция **2. crystal oscillator** кварцевый генератор

co changeover смена, переключение

COAM customer-owned-and-maintained устанавливаемый в помещении абонента (*о телекоммуникационном оборудовании*)

coax coaxial коаксиальный (*о кабеле*)

COBUCO cordless business communication беспроводная бизнес-связь

COCF connection-oriented convergence function функция сходимости, ориентированная на соединение

CODASYL Conference on Data System 1. фирма КОДАСИЛ, разработчик средств обработки экономической информации 2. стандарт КОДАСИЛ на языковой интерфейс управления базами данных

CODEC, codec coder/decoder кодек, кодер-декодер в одном блоке

coef coefficient коэффициент, константа

COG centralized ordering group группа координации провайдерских услуг

coho coherent heterodyne когерентный гетеродин

COH OSC coherent oscillator когерентный гетеродин

COINS corporate information network system система информационных сетей, одновременно эксплуатируемая несколькими компаниями связи

colorcast color television broadcast цветное телевизионное вещание, цветное ТВ-вещание

com 1. communication(s) 1. связь; система связи; средства связи 2. передача 3. взаимодействие **2. commutator** 1. переключатель, коммутатор 2. коллектор (*электродвигателя*)

COMINT communication intelligence телекоммуникационное ноу-хау

COMJAM communication jamming преднамеренные помехи (*военной связи*)

compandor compressor-expander компрессор-экспандер

COMPUSEC computer security безопасность передачи данных по компьютерной сети

COMSAT Communication Satellite Corporation КОМСАТ, корпорация по производству спутников связи

COMSEC communications security безопасность связи

con 1. connection 1. связь 2. соединение, подключение **2. connector** 1. соединитель, штекер 2. разъем, коннектор, контактная колодка

conelrad control of electromagnetic radiation контроль электромагнитного излучения

CONEX connectivity exchange *тлф* транзитный обмен (*вызовами*)

CONS connection-oriented network service режим связи с предварительным установлением соединения между станциями

const constant константа

cont 1. contact контакт **2. control** управление **3. controller** контроллер

COR carrier-operated relay реле высокочастотной защиты, реле ВЧ-защиты

CORF Committee on Radio Frequency Комитет по радиочастотам

CORNET corporate network корпоративная сеть связи

COS 1. class of service класс обслуживания (*АТС*) **2. code-operated switch** коммутатор с кодовым управлением **3. Corporation of Open Systems** Международная корпорация открытых систем

COSATI Committee of Scientific and Technical Information Комитет по научно-технической информации (*США*)

COT 1. central office terminal терминал центральной станции связи **2. customer-office terminal** терминал клиентского офиса

COTC Canadian Overseas Telecommunication Corporation Канадская международная корпорация электросвязи

coul coulomb кулон, Кл

cozi communication-zone indicator станция ионосферного зондирования (*для определения условий радиосвязи*)

CP 1. central processor центральный процессор, ЦП **2. channel processor** процессор управления каналом **3. clock pulse** тактовый импульс **4. communications processor** коммуникационный процессор

cp candle power сила света в канделах

c/p constant power постоянная мощность

CPA 1. channel port adapter адаптер канального порта **2. color phase alternation** *тлв* периодическое изменение фазы цветовой поднесущей на 180°

CPAS cellular priority-access systems телекоммуникационные системы с приоритетным предоставлением доступа абонентам сотовой связи

CPC computer-print control *полигр.* электронная система контроля и регулирования печатного процесса

CPD contact potential difference контактная разность потенциалов

CPDFM continuous phase digital frequency modulation цифровая частотная модуляция с непрерывной фазой, ЦЧМНФ

CPE customer-premises equipment телекоммуникационное оборудование, устанавливаемое в помещении абонента

CPEM Conference on Precision Electromagnetic Measurements Конференция по прецизионным электромагнитным измерениям

cpi 1. character-per-inch знаков на дюйм **2. computer-to-PBX interface** интерфейс компьютер – учрежденческая АТС

cpl character-per-line знаков на строку

cpm cycle-per-minute периодов в минуту, 1/60 Гц

CPN customer-premises network абонентская сеть

cps 1. character-per-second знаков в секунду **2. cycle-per-second** герц, Гц, периодов в секунду

CPSK coherent-phase-shift keying когерентная фазовая манипуляция, когерентная ФМн

CPT customer-provided terminal терминал пользователя

CPU 1. central processing unit центральный процессор **2. communication-processor unit** коммуникационный процессор

CPW circular-polarized wave волна с круговой поляризацией

CR 1. carriage return символ «возврат каретки» **2. cathode ray** электронный луч **3. cell relay** сотовый ретранслятор **4. channel reliability** надежность канала **5. circuit reliability** надежность линии **6. communication controller** телекоммуникационный контроллер **7. community reception** коллективный прием **8. controlled rectifier** управляемый выпрямитель

CRABS cellular radio access for broadband services сетевой радиодоступ к широкополосной службе

CRC cyclic-redundance check(ing) контроль циклическим избыточным кодом

CRCC cyclic-redundance check code циклический код проверки избыточности

CRL Communications Research Laboratory научно-исследовательская лаборатория связи

CRM-HS cellular radio modem high-speed высокоскоростной модем сотовой системы радиосвязи (*1200-9600 бит/с*)

CRM-LS cellular radio modem low-speed низкоскоростной модем сотовой системы радиосвязи (*300-2400 бит/с*)

C/RN carrier-to-receiver noise отношение мощность сигнала/мощность шума на входе приемника (*системы спутниковой связи*)

CRO cathode-ray oscilloscope электронно-лучевой осциллограф

CRPL Central Radio Propagation Laboratory Центральная лаборатория (исследований) распространения радиоволн (*США*)

CRS 1. cathode-ray setting набор с помощью дисплея **2. color registration system** система электронной приводки красок «компьютер – сканер» **3. color-separation software** программное обеспечение [ПО] цветоделения

CRYPTO 1. cryptographic криптографический **2.** «крипто», категория секретности

CS 1. carrier sense контроль несущей **2. channel status** состояние канала **3. communications satellite** спутник связи **4. communications station** станция связи **5. communications system** система связи **6. composite signaling** сигнализация по общему каналу **7. control section** блок управления **8. control signal** управляющий сигнал **9. control storage** управляющая память **10. convergence sublayer** подуровень конвергенции **11. cue signal** вспомогательный звуковой сигнал

CSA 1. Canadian Standard Association Канадская ассоциация стандартов **2. carrier sensing area** зона обслуживания телефонной компании **3. chopper-stabilized amplifier** усилитель переменного тока [УПТ] с модуляцией/демодуляцией сигнала и стабилизацией нуля

CSC 1. circuit-switching center центр коммутации каналов **2. color subcarrier** *тлв* цветовая поднесущая **3. common-signaling channel** общий канал сигнализации **4. Communication Satellite Corporation** КОМСАТ, корпорация по производству спутников связи **5. computer software configuration** конфигурация программного обеспечения

CSCF constant speed constant frequency постоянная скорость, неизменная частота (*напр. винчестера*)

CSDI compressed-serial data interface последовательный интерфейс сжатия данных

CSDN circuit-switched data network сеть передачи данных с коммутацией каналов

CSDS circuit-switched digital system цифровая сеть с коммутацией каналов, ЦСКК

CSE control-and-switching equipment аппаратура управления и коммутации

csect control section секция [участок] управления (*линией связи*)

CSF constant switching facility основное коммутационное оборудование

CSI 1. called-subscriber identification определение номера вызываемого абонента **2. channel-status indicator** указатель состояния канала **3. convergence-sublayer indication** индикация подуровня сходимости

CSMA carrier sense multiple access коллективный доступ с контролем несущей

CSMA/CA carrier sense multiple access with collision avoidance коллективный доступ с контролем несущей и устранением конфликтов

CSMA/CD carrier sense multiple access with collision detection коллективный доступ с контролем несущей и обнаружением конфликтов

CSN 1. channel signaling network сеть канальной сигнализации **2. circuit-switched[-switching] network** сеть с коммутацией каналов

CSO 1. Caltech Submillimeter Observatory радиообсерватория на базе радиотелескопа субмиллиметрового диапазона с диаметром зеркала 10,2 м (*США*) **2. color separation overlay** *тлв* цветовая рирпроекция **3. computing services office** компьютерный сервисный комплекс

CSP control-switching point междугородная АТС

CSPDN circuit-switched public-data network сеть с коммутацией каналов для передачи данных общего пользования

CSR connected-speech recognition распознавание связной речи

CSS customer switching system система абонентской коммутации

CST crystal-stabilized transmitter передатчик с кварцевой стабилизацией

CSU 1. camera-select unit устройство выбора ТВ-камеры **2. channel-service unit** устройство обслуживания канала (*данных*) **3. circuit-switching unit** блок коммутации каналов **4. customer-service unit** 1. блок клиентского обслуживания 2. абонентский модуль

CSW channel-status word слово состояния канала

CT 1. central terminal главный терминал **2. coastal telegraph (station)** обозначение береговых телеграфных станций (*принятое Международным союзом электросвязи*) **4. cordless telephony** радиотелефония **4. cue track** вспомогательная дорожка (*на магнитной ленте*)

CTB concentrator terminal buffer область памяти для хранения сегментов сообщения

CTC Color Television Committee комитет по цветному телевидению

CTCA channel-to-channel adapter адаптер межканального интерфейса

CTCSS continuous-tone-coded squelch system система шумоподавления с непрерывными тонально-кодированными сигналами

CTD charge-transfer device прибор с переносом заряда, ППЗ

CTE channel-termination equipment оконечная канальная аппаратура

CTF contrast transfer function частотно-контрастная характеристика, ЧКХ

CTI 1. color transceiver improver *тлв* система улучшения цветовых переходов **2. color transceiving improvement**

тлв функция улучшения цветовых переходов с разделением сигналов яркости и контрастности **3. computer-telephone integration** интеграция телефонного аппарата с компьютером, компьютерная телефония

CTIA Cellular Telecommunication Industry Association Ассоциация производителей средств сотовой связи

CTO Central Telegraph Office центральный телеграф

CTP computer-to-plate система цифровой печати «компьютер – форма»

CTR cassette-tape recorder кассетный магнитофон

CTS 1. clear-to-send (signal) сигнал доступности передачи в заданном направлении **2. communications and tracking system** система связи и слежения **3. computer typesetting** *полигр.* автоматизированный набор **4. control-track signal** сигнал управляющей дорожки **5. cut-through switching** транзитная коммутация

CTV cable television кабельное телевидение, КТВ

CTX 1. Centrex (service) *тлф* служба автоматической междугородной связи **2. clear-to-transmit** функция стирания сообщения из памяти после его отправки (*о факсимильном аппарате*)

cu 1. control unit блок управления **2. crosstalk unit** мера связности (телекоммуникационных) линий

CUG closed-user group 1. закрытая группа пользователей 2. сеть факсимильных аппаратов с ограниченным пропуском входящих/исходящих вызовов

CUI Customizable User Interface настраиваемый пользовательский интерфейс

cur current электроток, электрический ток

CUT 1. central user terminal центральный абонентский коммутатор **2. channel-unit tester** прибор проверки канальных устройств **3. coder under test** проверяемый кодер

CV 1. обозначение частных радиостанций, принятое Международным союзом электросвязи [МСЭ] **2. constant**

voltage постоянное напряжение **3. converter** преобразователь, конвертер

CVC compact video-cassette видеокассета

CVS 1. computer vision system система машинного зрения **2. continuously variable slope** плавно изменяемый наклон (*частотной характеристики*)

CVSDM continuously variable slope-delta modulation дельта-модуляция с плавно изменяемым наклоном

CW 1. carrier wave несущая **2. clockwise** по часовой стрелке **3. composite wave** полная волна **4. continuous wave** незатухающая гармоническая волна **5. control word** *вчт* управляющее слово **6. creeping wave** ползущая волна

CWS central wireless station центральная радиостанция

CX central exchange центральный коммутатор

cxr carrier 1. несущая 2. *тлв* поднесущая 3. служба связи; поставщик услуг связи 4. оборудование связи

CY capacity 1. электрическая емкость 2. пропускная способность, производительность 3. вместимость, объем, емкость

CZ call-on-zero вызов по нулю

CZT chirp-Z transform Z-преобразование с помощью внутриимпульсной линейной частотной модуляции [*ЛЧМ*]

D

D 1. **decrement** декремент **2. degree** 1. градус 2. степень **3. dial** круговая шкала **3. digit** цифра **4. digital** цифровой **5. diode** диод **6. diopter** диоптрия **7. drain** сток (*полевого транзистора*)

3D three-dimensional трехмерный, объемный

d deci деци-, 10^{-1}

DA 1. data available доступные данные **2. demand assignment** предоставление каналов **3. destination address** 1. *тлф* абонентский номер 2. *вчт* адрес получателя **4. difference amplifier** дифференциальный усилитель **5. digital-to-analog** цифроаналоговый **6. distributed amplifier** усилитель с распределенным усилением

D-A digital-to-analog цифроаналоговый

da 1. deka дека-, 10 **2. digital-to-analog** цифроаналоговый

DAA data-access arrangement средства доступа к данным

DAB digital audio broadcasting цифровое аудиовещание

DAC 1. delay adaptive combiner устройство объединения с адаптивным изменением задержки **2. digital-to-analog conversion** цифроаналоговое преобразование **3. digital-to-analog converter** цифроаналоговый преобразователь

DACS digital-access and cross-connect system система с цифровым доступом и кроссированием каналов

DAD digital audio disk цифровая грампластинка

DAE 1. digital audio editor цифровой пульт звукомонтажа **2. directional aerial** направленная антенна

DAFC digital automatic frequency control цифровая автоматическая подстройка частоты, цифровая АПЧ

DAGC digital automatic gain control цифровая автоматическая регулировка усиления, цифровая АРУ

DAL digital active line цифровая активная часть строки

DAM 1. digital asset management 1. управление цифровыми архивами 2. управление цифровым содержанием **2. direct access method** метод прямого доступа

DAMA demand-assigned multiple access многостанционный доступ с предоставлением каналов по требованию

D-AMPS digital-AMPS цифровая модификация стандарта усовершенствованной службы мобильной телефонной связи

DAN demand-assigned network сеть с предоставлением каналов по требованию

DAR 1. digital audio radio цифровое радиовещание, ЦРВ **2. display aspect ratio** формат телевизионного экрана, формат ТВ-экрана

DARPA Defence Advanced Research Projects Agency агентство по перспективным исследовательским проектам

DAS 1. data-acquisition system система сбора данных **2. direct access service** служба прямого доступа **3. directory assistance system** телефонная справочная система **4. dual attachment station** станция с двойным присоединением

DASC digital anti-shock circuit система антивибрационной защиты (лазерной головки) автомобильной CD-магнитолы (*фирмы Kenwood*)

DASD direct access storage device запоминающее устройство с прямым доступом, ЗУ с прямым доступом

DASH digital audio stationary heads неподвижные магнитные головки стандартной цифровой звукозаписи

DASS 1. demand-assignment signaling and switching equipment аппаратура сигнализации и коммутации, предоставляемая по требованию **2. digital access signaling system** система сигнализации с цифровым доступом

DAT 1. digital audio tape (cassette) цифровая аудиокассета **2. dynamic address translation** динамическая трансляция адресов

DATEC digital adaptive techniques for efficient communications модифицированная дельта-модуляция с кодированием наклонов, модуляция типа «Дейтик»

DAU 1. data acquisition unit блок сбора данных **2. data adapter unit** блок адаптера данных

DAV data-above-voice передача данных (*СВЧ-диапазона*) в надтональной полосе

DAVIC Digital Audio Visual Council Совет по цифровым аудиовизуальным проектам

DAW digital audio workstation цифровая звуковая станция

DB 1. database база данных **2. data broadcaster** передатчик данных

Db *тлв* обозначение синего цветоразностного сигнала

dB decibel децибел, дБ

DBA database administrator администратор базы данных

dBa decibels adjusted децибелы, отсчитываемые относительно контрольного уровня шумов (–85 дБ)

dBa(0) decibels adjusted at zero мощность шума, измеренная в точке нулевой мощности полезного сигнала

dBa(F1A) decibels adjusted with F1A-Line weighting мощность шума, измеренная посредством взвешивания при помощи линии F1A

dBa(H1A) decibels adjusted with H1A-Line weighting мощность шума, измеренная посредством взвешивания при помощи линии H1A

D-bass dynamic bass динамичное воспроизведение низкой частоты с трехуровневым усилением

DBB detector balance bias напряжение смещения на амплитудном детекторе

DBC dynamic beam control динамическая регулировка (тока) луча

dBc decibels relative to carrier power децибелы относительно мощности несущей

DBF 1. demodulator band filter полосовой фильтр демодулятора **2. dynamic beam focusing** динамическая фокусировка луча

DBMS database management system система управления базами данных, СУБД

dBmV decibels-millivolt децибелов на милливольт

dBmW decibels-milliwatt децибелов на милливатт, дБмВт

dBmW0 decibels milliwatt at zero мощность шума, измеренная в дБмВт в точке нулевой мощности полезного сигнала

dBmW0p decibels milliwatt at zero psophometric мощность шума, измеренная в дБмВт в точке нулевой мощности полезного сигнала посредством псофометрического взвешивания

dBmW(psoph) decibels milliwatt (psophometric) мощность шума, измеренная в дБмВт посредством псофометрического взвешивания

dBr decibels reference дифференциальная мощность шума, выраженная в дБ относительпо мощности в опорной точке

dBrn decibels reference noise децибелы, отсчитываемые относительно опорного уровня шумов

dBrnC decibels reference noise C мощность шума, измеренная относительно его опорного уровня посредством взвешивания при помощи С-сообщения в точке нулевой мощности полезного сигнала

DBS 1. dial backup system система резервирования с дисковым набором номера **2. direct broadcast satellite** спутник непосредственного ТВ-вещания **3. direct broadcast service** служба прямого радиовещания

dBV decibels-volt децибелов на вольт

dBW decibels-watt децибелов на ватт

dBx decibels-x мощность шума относительно опорного уровня связи

DC 1. data channel канал передачи данных **2. data collection** сбор данных **3. direct current** 1. постоянный ток 2. прямой [однонаправленный] ток **4. display console** дисплейный пульт

DCA 1. dynamic channel allocation динамическое распределение каналов **2. dynamic correction of astigmatism** динамическая коррекция астигматизма

DCB data-control block блок управления данными

DCC 1. data-collection center узел сбора данных **2. digital compact cassette** цифровая компакт-кассета **3. dynamic contrast control** динамическое регулирование контрастности

DCCH dedicated control channel специализированный канал управления

DCD double-channel duplex двухканальная дуплексная радиосвязь

DCDM digitally controlled delta modulation дельта-модуляция с цифровым управлением, ЦУДМ

DCDT direct-current displacement transducer датчик перемещений на постоянном токе

DCE data communication equipment оборудование передачи данных

DCEPS digital color electronic-prepress system *полигр.* электронно-цифровая допечатная обработка цветных изображений

DCF 1. data communications function функция передачи данных **2. digital comb filter** цифровой гребенчатый фильтр **3. dynamic correction of focal length** динамическая коррекция фокусного расстояния

DCFEM dynamic cross-field electron photomultiplier динамический вторичный фотоумножитель со скрещенными полями

DCFL direct-coupled field-effect transistor logic логические схемы на полевых транзисторах с непосредственными связями

DCFP dynamic cross-field photomultiplier динамический фотоумножитель со скрещенными полями

DCH data channel канал (передачи) данных, канал связи

DCI data-communication interface интерфейс канала передачи данных

DCL direct-communicating link линия прямой связи

DCM discrete channel with memory цифровой канал с памятью

DCML differential current mode logic дифференциальная интегральная инжекционная логика

DCN data-communication network сеть передачи данных

DCO 1. data central office центральная станция передачи данных **2. digital control oscillator** генератор с цифровым управлением

DCOM distributed component object model распределенная комплексная объектная модель

DCP 1. digital communication processor процессор передачи данных **2. display control panel** панель управления монитором **3. distributed-communication processor** процессор распределенной системы передачи данных

DCPSK differentially coherent phase-shift keying когерентная дифференциальная фазовая манипуляция

DCS 1. Defense Communication System сеть связи Министерства обороны США **2. diagnostic communication system** система диагностического контроля передачи данных **3. digital cellular system** цифровая сотовая система связи **4. digital cross-connect system** цифровая система связи с кроссированием каналов **5. double channel simplex** двухканальный симплекс **6. dynamic channel selection** динамический выбор каналов

DCT 1. data-communications terminal оконечное устройство передачи данных **2. Digital Component Technology** техника цифровых раздельных сигналов **3. digital cordless telephone** цифровой радиотелефон **4. discrete cosine transform** дискретное косинусное преобразование

dct 1. **document** документ 2. **documental** документальный 3. **documentation** документация

DCTE data circuit terminating equipment оборудование передачи данных

DCTL direct-coupled transistor logic транзисторные логические схемы с непосредственными связями

DCU 1. **data control unit** блок управления данными 2. **digital counting unit** цифровой счетчик связи

DD 1. **data demand** запрос данных 2. **digital data** цифровые данные 3. **digital display** 1. цифровая индикация 2. цифровой индикатор 3. цифровой монитор 4. **disconnecting device** разъединитель

DDA digital difference analyzer цифровой анализатор данных, ЦАД

DDAS digital data acquisition system система сбора цифровых данных

D-D-bass digital dynamic bass цифровое динамичное воспроизведение низких частот с трехуровневым усилением

DDBS digital data broadcast system система цифрового вещания

DDC 1. **data-distribution center** центр распределения данных 2. **direct digital control** непосредственное [прямое] цифровое управление

DDCMP Digital Data Communication Protocol протокол обмена цифровыми данными

DDCP direct digital color proofing *полигр.* изготовление цветопробы цифровым способом

DDD 1. **digital-to-digital-to-digital** тройное цифровое преобразование (*о технике записи на аудиокомпакт-диск*) 2. **direct (long-)distance dialing** прямой набор (междугороднего) номера 3. **dynamic digital definition** динамическая цифровая четкость (*о классе ТВ-приемников фирмы Panasonic*)

DDE 1. digital data exchange цифровой обмен данными **2. direct data entry** цифровой ввод данных

DDG dedicated-data group некоммутируемая группа данных

DDL digital data link линия передачи цифровых данных

DDM 1. difference in depth of modulation разность коэффициентов модуляции; разность глубин модуляции, РГМ **2. distributed data manager** система управления распределенными данными

DDN 1. Defense Data Network сеть передачи данных (*Департамента военной связи Министерства обороны США*) **2. digital data network** цифровая сеть передачи данных

DDP distributed data processing распределенная обработка данных

DDPS digital data processing system система обработки цифровых данных

DDPU digital data processing unit цифровое устройство обработки данных

DDR 1. digital data receiver приемник цифровых данных **2. digital disk recorder** цифровой видеомагнитофон

DDS 1. dataphone digital service служба передачи цифровых данных по телефонной сети **2. digital data service** цифровая информационная служба **3. digital data standard** стандарт цифровой записи (*на магнитную ленту*) **4. digital data system** цифровая система передачи данных

DDSN digital derived-services network цифровая сеть с передачей данных по случайному каналу

DDSP dual digital signal processing двойная цифровая обработка сигналов

DDT 1. digital data transmission передача цифровых данных **2. digital data transmitter** устройство передачи цифровых данных

DDX digital data exchange цифровой обмен данными

DE discard eligibility *акуст.* плохая разборчивость (*речи*)

DEA data encryption algorithm алгоритм шифрования данных

dec decrement 1. декремент 2. коэффициент затухания

DECNET Digital Equipment Corporation Network сеть корпорации цифрового оборудования

DECT 1. digital electronic current transducer цифровой электронный датчик тока **2. Digital Europeans Cordless Telecommunications** европейская цифровая сеть радиотелефонной связи

del 1. delay задержка **2. delete (character)** символ удаления знака, стоящего впереди курсора

DEL 1. delete (character) символ удаления знака, стоящего впереди курсора **2. digital exchange line** *тлф* цифровая линия

dem demodulator демодулятор, детектор

demarc 1. demarcation point интерфейс сетевого окончания **2. distributed enterprise management architecture** архитектура распределенного управления сетью масштаба предприятия

DEMS digital electronic messaging service цифровая служба обработки электронной почты

demux 1. demultiplex демультиплексировать **2. demultiplexing** демультиплексирование **3. demultiplexor** демультиплексор

DEO digital end office оконечная станция цифровой телефонной сети

dequeue double-ended queue симметричная очередь

DES data encapsulation [encryption] standard стандарт шифрования данных (*США*)

DETAB decision table таблица решений

detem detector/emitter детектор-излучатель

DEV, dev 1. deviation отклонение, девиация **2. device** устройство; прибор; аппарат

DF 1. depth of focus глубина резкости **2. digital filter** цифровой фильтр **3. direction flag** флаг направления

DFB distributed feedback распределенная обратная связь, распределенная ОС

DFB-LD distributed-feedback laser diode лазерный диод с распределенной ОС

DFE decision feedback equalizer компенсатор с решающей ОС

DFG data-flow graph граф потока данных

DFI digital facility interface интерфейс цифрового оборудования

DFM distortion factor meter измеритель коэффициента нелинейных искажений

DFR digital fault recorder цифровой регистратор аварийных ситуаций

DFS 1. digital framestore synchronizer видеосинхронизатор, кадровый синхронизатор **2. direct-frequency synthesis** прямой синтез частоты

DFSK double-frequency shift keying манипуляция с удвоением частоты

DFT 1. digital facility terminal цифровое оборудование **2. discrete Fourier transform** дискретный преобразователь Фурье, ДПФ

DG 1. differential gain дифференциальное усиление **2. digital governor** цифровой регулятор

DHCP Dynamic Host Configuration Protocol динамический протокол конфигурирования хоста

DHT discrete Hilbert transform дискретное преобразование Гилберта, ДПГ

DI 1. data input ввод данных **2. digital input** 1. цифровой вход 2. ввод цифровых данных

DIC digital integrated circuit цифровая интегральная схема, цифровая ИС

DICES digital integrated communication electronic system цифровая интегральная радиоэлектронная система связи

DI.CO SYS digital conference system цифровая система конференц-связи (*фирмы Panasonic*)

DID 1. digital information display 1. отображение цифровой информации 2. индикатор цифровой информации 3. цифровой монитор **2. direct inward dialing** автоматическое установление входящего соединения

DIF digital interface frame формат цифрового стыка

DIG digit 1. цифра 2. символ; знак 3. разряд 4. код

DIGICOM, digicom digital communication цифровая связь

DIGMUX digital multiplex цифровая аппаратура уплотнения (*каналов*)

digroup digital group *тлф* цифровой пучок (*каналов*)

DIMM dual in-line memory module модуль памяти с двухрядным расположением микросхем, DIMM-модуль

dina digital network analyzer цифровой схемный анализатор

DIOD direct inward/outward dialing автоматическое установление входящего/исходящего соединения

DIOS digital input-output system система ввода-вывода цифровой информации

DIP 1. distributed information display распределенная обработка информации **2. dual-in-package** микросхема с двухрядным расположением выводов

DISA 1. Defense Information System Agency Агентство защиты информационных систем Министерства обороны США **2. direct inward system access** доступ к добавочной линии путем прямого установления входящего соединения (*об учрежденческой АТС фирмы Panasonic*)

DISC, disc disconnect разъединитель; выключатель || разъединять; выключать

DISOSS distributed-office support system распределенная система обеспечения доступа к учрежденческой документации

distrib distribution 1. распределение 2. рассылка (*сообщений*)

DITEC digital TV-communication system цифровая система ТВ-вещания

DIU data interface unit интерфейс данных

DIV data-in-voice система передачи данных СВЧ-диапазона в тональной полосе

div divider 1. делитель 2. пересчетная схема

DIVA data-input voice answerback система ввода данных с речевым автоответчиком

DIVOT digital-to-voice translator преобразователь цифрового кода в речевой сигнал

DL 1. data link линия передачи данных **2. dead load** постоянная нагрузка **3. delay line** линия задержки **4. diffraction loss** дифракционные потери

D/L downlink 1. нисходящая линия связи 2. часть линии связи от спутникового терминала до наземной станции

DLC 1. data-line[-link] control управление каналом передачи данных (*подуровень 2 модели взаимодействия открытых систем*) **2. digital loop carrier** цифровой канал связи **3. distribution line carrier** канал связи на несущей по распределительной сети

DLCI data link connection identifier идентификатор соединения по звену передачи данных

DLD 1. delay-lock discriminator дискриминатор слежения за задержкой **2. drive level dependence** зависимость уровня возбуждения

DLI 1. digital line interface интерфейс цифровой линии **2. direct multiplexed control** прямое управление с мультиплексированием

DLL 1. delay-lock loop система фазовой автоматической подстройки частоты по задержке, система ФАПЧ по задержке **2. dynamic loading library** динамически загружаемая библиотека (*Windows*)

DLMR Domestic Land Mobile Radio национальная служба радиосвязи на наземных объектах общественного пользования

DLSw data-line[-link] switching коммутация каналов передачи

DLT digital loop transceiver петлевой приемопередатчик данных

DM 1. delta modulation дельта-модуляция **2. digital modulation** цифровая модуляция **3. dual mono** «сдвоенный моно» (*разделение цифрового потока между двумя независимыми сигналами*)

DMA 1. differential mode attenuation дифференциальное затухание мод **2. direct memory access** прямой доступ к запоминающему устройству

DMC 1. data management console пульт управления данными **2. digital microcircuit** цифровая интегральная микросхема, цифровая ИМС **3. direct multiplexed control** прямое управление с мультиплексированием **4. discrete memoryless channel** дискретный канал без памяти **5. dynamic motion controller** блок автотрекинга (*видеомагнитофона*)

DMCS data management-and-control system система контроля и обработки данных

DME 1. digital multieffects цифровые эффекты **2. discrete memoryless channel** дискретный канал без памяти **3. distance-measuring equipment** телеметрическое оборудование

DMF digital-matched filter цифровой согласованный фильтр

DMH, dmh decimillihour децимилличас, дцмч

DMI digital multiplexed interface цифровой мультиплексный интерфейс

DMM digital multimeter цифровой мультиметр

DMO digital microprocessor(-based) oscilloscope цифровой микропроцессорный осциллограф

DMPX demultiplexer демультиплексор

DMS 1. data minislot цифровой интервал передачи данных **2. Defense Message System** сеть информационного обмена Министерства обороны США

DMX data multiplexer мультиплексор данных

DN directory number *тлф* абонентский номер

DNA digital network architecture архитектура цифровой сети

DNIC 1. digital network identification code код идентификации сети передачи данных **2. digital network interface circuit** устройство сопряжения с цифровой сетью

DNIS dialed-number identification service *тлф* служба определения набранного номера

DNL 1. dynamic noise limiter динамический шумоподавитель (*кассетной деки*) **2. Dolby noise limiter** шумоподавитель (системы) Dolby

DNPS disk-name preset функция запоминания имен компакт-дисков (*автомобильной CD-магнитолы*)

DNP(S)P disk-name preset play функция воспроизведения музыкальных фрагментов с компакт-дисков с заданными именами (*автомобильной CD-магнитолы*)

DNR 1. differential negative resistance дифференциальное отрицательное сопротивление **2. digital noise reducer** цифровой шумоподавитель **3. dynamic noise-reduction (system)** динамическая система шумоподавления

DNS 1. domain-name server сервер доменных имен **2. domain-name service** служба доменных имен (*Интернет*)

DNVT digital nonsecure voice terminal цифровой аппарат для незасекреченной телефонной связи

DOC 1. Department of Communication Департамент связи (*Канада*) **2. drop-out compensator** компенсатор выпадений сигнала

doc 1. document документ **2. documental** документальный **3. documentation** документация

DOD direct outward dialing автоматическое установление исходящего соединения (*в учрежденческой АТС*)

DOF depth of field глубина резкости (*объектива ТВ-камеры*)

DOLMEN development of an open long-term mobile and fixed network environment проект долгосрочного развития мобильных и стационарных сетевых сред

DOM distributed object manager менеджер распределенных объектов

DOMAIN distributed operating multiaccess interactive network распределенная многоабонентская интерактивная сеть

DOMSAT domestic satellite спутник внутренней связи

DOS disk operating system дисковая операционная система, ДОС

DP 1. data processing обработка данных **2. differential phase** дифференциальная фаза

DPASS digital patch and access система цифровой коммутации и доступа

DPC data processing center центр обработки информации

DPCA displaced-phase center antenna антенна со смещенным фазовым центром

DPCM differential pulse-code modulation дифференциальная импульсно-кодовая модуляция, дифференциальная ИКМ

DPDT double-pole double-throw двухполюсный выключатель с переключением на два направления

DPE data processing equipment аппаратура обработки данных

dpi dots-per-inch точек на дюйм

DPLL digital phase-locked loop система фазовой автоматической подстройки частоты, система ФАПЧ

DPLO digital phase-locked oscillator цифровой генератор с фазовой синхронизацией

DPLX duplex двусторонний (*о системе передачи*)

DPM 1. digital panel meter цифровой стендовый измерительный прибор **2. digital protection module** модуль цифровой защиты **3. dynamic pixel management** динамическое управление переключением ТВ-форматов

DPMA Data Processing Management Association Ассоциация руководителей систем обработки данных (*США*)

DPMS display power management signaling индикация переключения режимов питания монитора

DPNSS Digital Private Network Signaling System система передачи данных по цифровой частной сети

DPO delayed-pulse oscillator генератор задержанных импульсов

DPPA double-pumped parametric amplifier параметрический усилитель с двухчастотной накачкой

D-PLL digital phase-locked loop цифровая петля фазовой автоподстройки частоты, цифровая петля ФАПЧ

DPR data processing rate скорость считывания данных

DPS 1. data processing system система обработки данных **2. distributed processing system** распределенная система обработки (*данных*)

DPSK 1. differential phase-shift keying дифференциальная [относительная] фазовая манипуляция **2. dual-phase shift keying** двухфазная манипуляция, ДФМн

DPSS data processing services station станция обработки данных

DPT digital port telephone цифровой системный телефонный аппарат

DQDB distributed-queue dual-bus (network) двухшинная сеть с распределенными очередями

DQPSK differential quaternary phase-shift keying дифференциальная квадратурная фазовая манипуляция

DR 1. data rate скорость передачи данных **2. differential relay** дифференциальное реле **3. dynamic range** динамический диапазон **4. dynamic replication** динамическое копирование

Dr differential red *тлв* обозначение красного цветоразностного сигнала

dr 1. degree 1. градус 2. степень **2. drive** 1. электропривод, ЭП; двигатель 2. возбуждение 3. дисковод 4. логический диск (*винчестера*) **3. drum** барабан (*лазерного принтера или факса*)

DRA data-rate adapter адаптер для согласования скорости передачи данных

DRAM dynamic random-access memory динамическое запоминающее устройство с произвольной выборкой, динамическое ЗУПВ

DRAO Dominion Radio Astrophysical Observatory Радиоастрофизическая обсерватория доминиона (*Канада*)

DRAW direct-read-after-write считывание непосредственно после записи

DRC data recording control управление записью данных

DRCS dynamically redefinable character set динамически выбираемый набор знаков

DRD data recording device устройство записи данных

DRIFT diversity receiving instrumentation for telemetry аппаратура разнесенного приема телеметрических сигналов

DRRS digital radio relay system цифровая радиорелейная система, ЦРРС

DRX discontinuous reception непрерывный прием

DS 1. data set 1. набор данных 2. группа записей 3. модем **2. digital signal** цифровой сигнал **3. digital stabilizer** цифровой стабилизатор **4. digital system** цифровая система **5. Directorate of Signals** управление связи **6. direct sequence** метод прямого расширения спектра **7. disconnecting switch** разъединитель **8. drum switch** 1. барабанный переключатель 2. барабанный выключатель

DSA dial-service assistance *тлф* ручная коммутация

DSB 1. digital storage buffer буферное запоминающее устройство, буферное ЗУ **2. double-sideband** двухполосный (*о системе передачи*)

DSB-RC double-sideband reduced-carrier (transmission) система передачи с двумя боковыми полосами и частично подавленной несущей

DSB-SC double-sideband suppressed-carrier (transmission) система передачи с двумя боковыми полосами и подавленной несущей

DSC 1. digital selective calling избирательный цифровой вызов **2. digital standards converter** цифровой преобразователь стандартов, ЦПС

DS/CDMA direct sequence CDMA коллективный доступ методом прямой последовательности с кодовым разделением каналов

DSCS Defense Satellite Communication System система спутниковой связи Министерства обороны США

DSE data switching exchange станция коммутации данных

DSF dielectric space frame (radome) антенный обтекатель с шаровым диэлектрическим кожухом

DSHD double-sided high-density двусторонняя дискета с высокой плотностью записи

DSHS Digital Super Hybrid System гибридная суперсистема связи с расширяемостью за счет порта дополнительных устройств (*фирмы Panasonic*)

DSI digital speech interpolation цифровая интерполяция речи

DSID destination station identifier *тлф* устройство определения номера вызываемой станции

DSL 1. digital simulation language язык программирования, ориентированный на моделирование **2. digital subscriber line** *тлф* цифровая абонентская линия

DSM 1. delta-sigma modulation дельта-сигма-модуляция, ДСМ **2. demand side management** управление по требованию абонента **3. digital storage media** 1. цифровое запоминающее устройство, цифровое ЗУ 2. цифровой передатчик **4. discrete singularity method** метод дискретных особенностей **5. dynamic scattering mode** режим динамического рассеяния

DSM-CC digital storage media command and control *тлв* управление и контроль хранением/передачей цифровых данных

DSN **1. Defense-Switched Network** коммутируемая сеть связи Министерства обороны США **2. derived-services network** сеть с передачей служебной информации по соседнему каналу **3. digital switched network** цифровая коммутационная сеть

DSNG **digital-satellite news gathering** *тлв* цифровая спутниковая передача сводки новостей

DSO **digital storage oscilloscope** цифровой электронно-лучевой осциллограф с памятью

DSP **1. digital sound(-field) processing** цифровая обработка звукового поля **2. digital sound(-field) processor** процессор цифровой обработки цифрового поля **3. discretionary security protection** избирательная защита секретности

DSR **1. data-set ready** готовность к вводу данных **2. data signaling rate** скорость передачи данных **3. digital sound recorder** цифровой магнитофон **4. digital sound recording** цифровая запись звука, ЦЗЗ

DSRI **destination station routing indicator** *тлф* индикатор вызывного терминала

DSRS **data signaling rate selector** селектор по скорости передачи данных

DSS **1. data storage system** запоминающее устройство, ЗУ **2. distributed-sample scrambling** скремблирование распределенного отсчета

DSSCS **Defence Special Service Communication System** сеть связи спецслужб (*США*)

DSSS **direct-sequence spread spectrum** расширение спектра методом прямой последовательности

DSSS1 **digital subscriber signaling system №1** *тлф* цифровая система абонентской сигнализации №1

DST **1. discrete sine transform** дискретное синусное преобразование **2. display storage tube** индикаторная запоминающая трубка **3. double-sideband transmitter** передатчик с двумя боковыми полосами

DSTE data-subscriber terminal equipment абонентская оконечная аппаратура передачи данных

DSU 1. data-service unit устройство обслуживания (канала) данных **2. data synchronizing unit** блок синхронизации данных **3. digital storage unit** цифровое запоминающее устройство, цифровое ЗУ

DSVT digital secure voice terminal цифровой абонентский аппарат для передачи засекреченной информации

DSW 1. device-status word слово состояния устройства **2. drum switch** 1. барабанный переключатель 2. барабанный выключатель

DT 1. data transmission передача данных **2. difference threshold** порог различимости **3. digital technology** цифровая технология **4. diversity tuner** тюнер с поддержкой разнесенного приема в УКВ-диапазоне **5. dynamic tracking** автотрекинг (*головок видеомагнитофона*)

DTAP direct transfer application part прикладная часть прямой передачи

DTBC digital timebase corrector цифровой корректор временных искажений, ЦКВИ

DTCN digital telephone communication network цифровая сеть телефонной связи, ЦСТС

DTCS data transmission-and-control system система передачи данных и управления ими

DTDS data transmission-and-distribution system система передачи и распределения информации, СПРИ

DTE data terminal equipment оконечное оборудование обработки данных

DTF 1. digital tracking following динамический автотрекинг **2. dynamic tracking filter** динамический следящий фильтр

DTG date-time group шапка (*факса*)

DTH direct-to-home непосредственное ТВ-вещание со спутников

DTL 1. data transmission line линия передачи данных **2. diode-transistor logic** диодно-транзисторная логика

DTMF dual-tone multifrequency (signaling) *тлф* двухтональная многочастотная сигнализация

DTN 1. data transmission network сеть передачи данных **2. digital trunk network** цифровая сеть междугородней связи

DTO 1. data takeoff отбор данных **2. data transfer operation** операция передачи данных

DTP 1. data-tape punch ленточный перфоратор **2. desktop publishing** настольная издательская система

DTR 1. data-terminal ready (character) символ готовности терминала данных **2. data transfer rate** скорость передачи данных

DTS 1. decoding time-stamp *тлв* часть заголовка PES-пакета, указывающая время декодирования блока доступа идеальным декодером **2. digital-tandem switch** цифровая междугородняя АТС **3. Diplomatic Telecommunication Service** служба дипломатической связи (*США*)

DTT data-transmission time время передачи данных

DTTR digital television tape recorder цифровой видеомагнитофон, ЦВМФ

DTU 1. data-tape unit блок записи данных на магнитную ленту **2. data terminal unit** терминал передачи данных **3. data transfer unit** блок передачи данных **4. digital test unit** испытательный блок для проверки цифрового оборудования **5. digital transmission unit** цифровой передатчик

DTV 1. data-in-voice передача данных в тональной полосе **2. digital television** цифровое телевидение, ЦТВ

DTX discontinuous transmission непрерывная передача

D/U desired-to-undesired *тлв* отношение сигнал – шум

DUP 1. disk utility program дисковая сервисная программа; дисковая утилита **2. duplicate** дубликат, копия **3. duplication (character)** символ повторения

DUT device under test испытываемый прибор
DUV data under voice передача данных в подтональной полосе
DV digital video 1. цифровое видео 2. международный стандарт бытовой цифровой видеозаписи на 6-миллиметровую металлизированную ленту с внутрикадровым цифровым сжатием 5:1 раздельных [компонентных] видеосигналов с отношением частот дискретизации 4:2:0 (625/50) или 4:1:1 (525/60)
DVB digital video broadcasting цифровая ТВ-трансляция
DVB-C cable DVB цифровой стандарт кабельного телевидения
DVB-CI common interface DVB цифровой стандарт единого стыка условного доступа
DVB-M multipoint DVB многопунктовая система ТВ-вещания
DVB-S satellite DVB цифровой стандарт спутникового ТВ
DVB-SI service information DVB цифровой стандарт передачи информации о службе связи
DVB-T terrestrial DVB стандарт цифрового наземного ТВ-вещания
DVB-Txt DVB-Text стандарт системы передачи ТВ-текста
DVC digital video-cassette цифровая видеокассета
DVCAM digital video camera стандарт формата цифровой видеозаписи раздельных [компонентных] видеосигналов с соотношением частот дискретизации 4:1:1 на 6-миллиметровую металлизированную ленту с внутрикадровым цифровым сжатием 5:1
DVC PRO digital video cassette professional цифровая видеокассета для профессиональной видеозаписи
DVCR digital video-cassette recorder цифровой видеомагнитофон
DVD 1. digital versatile disk 1. многоцелевой компакт-диск 2. международный стандарт многоцелевой оптической записи на 120-миллиметровый диск с цифровым сжатием **2. digital video disk** цифровой видеодиск

DVE 1. digital video editor средство редактирования цифровых видеоданных **2. digital video effects** цифровые видеоэффекты

DVF direct vision finder 1. прямой (оптический) видоискатель 2. рамочный видоискатель

D-VHS digital VHS стандарт формата цифровой раздельной [композитной] записи на 13-миллиметровую ленту с М-образной зарядкой

DVI digital video interactive цифровое интерактивное телевидение

DVL direct voice link переговорное устройство прямой связи

DVM digital voltmeter цифровой вольтметр

DVMS 1. Delphi voice messaging system система Дельфи передачи сообщений по запросу **2. digital voice mailbox system** цифровая система речевой почты

DV-MUX data voice multiplexer адаптивный мультиплексор голоса и данных

DVR 1. digital video recorder цифровой видеомагнитофон, ЦВМФ **2. digital video recording** цифровая видеозапись

DVTR digital videotape recorder цифровой видеомагнитофон

DVX digital voice exchange цифровой коммутатор речевых сообщений

DWDM dense wavelength division multiplexing уплотнение с разделением по плотности длины волны

DWS diplomatic wireless service дипломатическая служба беспроводной связи

DWT discrete Walsh transform дискретное преобразование Уолша

DX, dx 1. distance reception дальний радиоприем **2. distant exchange** дальний радиообмен **3. duplex** дуплексная [двусторонняя] связь

DXC digital cross-connect цифровое координатное соединение

DXI data exchange interface интерфейс обмена данными

DYANET dynamic assignment network ДИАНЕТ, сеть с динамическим распределением каналов (*Япония*)

E

E 1. earth «земля», заземление **2. efficiency (coefficient)** коэффициент полезного действия, КПД **3. electrode** электрод **4. emitter** эмиттер (*транзистора*) **5. engine** двигатель **6. error** ошибка **7. exa** экза-, 10^{-17} **8. exposure** 1. экспозиция 2. экспонирование 3. фотосъемка

EA 1. enhanced address расширенный адрес **2. extender amplifier** *тлв* усилительная подстанция

Ea earth «земля», заземление

EALM electronically-addressed light modulator модулятор света с электронно-оптической адресацией

EAR electromagnetic activity receiver приемник электромагнитного излучения

EARC Extraordinary Administrative Radio Conference чрезвычайная административная радиоконференция

EARN European Academic Research Network Европейская академическая исследовательская сеть

EAROM electrically-alterable read-only memory электрически перепрограммируемое постоянное запоминающее устройство, ЭППЗУ

EAS 1. electronic automatic switch автоматический электронный переключатель **2. extended-area service** расширенная зона обслуживания

EAX electronic automatic exchange электронная АТС

EB electron beam электронный луч

EBCDIC extended binary-coded decimal-interchange code десятичный код обмена, расширенный двоичным кодированием

EBCS electronic business-communication system электронная сеть бизнес-связи; система передачи цифровой информации

EBIC 1. electron-beam induced current ток, индуцированный электронным лучом **2. electron-bombarded beam-**

induced conductivity проводимость, наведенная электронной бомбардировкой

EBM electron beam recording запись электронным лучом

EBPA electron-beam parametric amplifier электронно-лучевой параметрический усилитель

EBR electron-beam recording электронно-лучевая запись

EBS 1. electron-bombarded semiconductor (CRT) электронно-лучевая трубка [ЭЛТ] с полупроводниковой мишенью **2. electron-bombarded silicon (CRT)** ЭЛТ с кремниевой мишенью **3. Emergency Broadcast System** система оповещения населения США о чрезвычайных ситуациях по сети правительственных и частных радио- и ТВ-станций, а также средств производственной сигнализации

EBT edge-bonded transducer торцевой преобразователь

EBU European Broadcasting Unit Европейский радиовещательный союз

EC 1. earth coverage охват земной поверхности спутниковой связью **2. electronic conference** конференция по электронной почте

ECB 1. Electronic Code Book электронная кодовая книга **2. event control block** блок управления событием

ECC 1. electronically controlled coupling электронно-управляемая связь **2. error correcting code** код с исправлением ошибок

ECCC European Coordinating Communication Committee Европейский координационный комитет по связи

ECCM electronic counter-countermeasures меры противодействия радиоэлектронной борьбе

ECG 1. electrocardiogram электрокардиограмма, ЭКГ **2. electronic character generator** электронный знакогенератор

ECL 1. emitter-coupled logic логика с эмиттерной связью **2. entitlement control message** сообщение об управляющих словах

ECM 1. electronic countermeasures электронное радиопротиводействие **2. engine control module** модуль управления двигателем внутреннего сгорания, модуль управления ДВС **3. entitlement control message** *тлв* сообщение контроля титрования (*с управляющим словом и параметрами спецификации потока и скремблирования*) **4. error correction mode** режим коррекции ошибок

ECO electron-coupled oscillator генератор с электронной связью

ECPL equivalent continuous perceived level эквивалентный уровень непрерывно воспринимаемого шума

ECQ electronic component quality качество электронных компонентов

ECR errored cell rate коэффициент ячеек с ошибками

ECS European communication satellite европейский спутник связи

ECSW extended-channel status word расширенное слово состояния канала

ECU error-control unit блок защиты от ошибок

ED 1. editor (*программа редактирования текста*) **2. electronic dummy** имитационная модель тела человека (*для изучения его акустомеханических характеристик*) **3. end delimiter** удалитель стопового маркера **4. end divider** концевой разделитель (*пакета данных*) **5. error detection** обнаружение ошибок

ed editor редактор, программа редактирования

EDAC error detection and correction обнаружение и устранение ошибок

EDACS enhanced digital access communication system *тлф* расширенная цифровая система междугородней связи

EDC error-detection code код обнаружения ошибки

EDD 1. electronic data display электронный дисплей **2. electronic document delivery** доставка документов в электронном виде

EDFA erbium-doped fiber amplifier оптический усилитель на волокне, легированном эрбием

EDG 1. electronic dot generation электронное генерирование растровых точек **2. electronic dot generator** электронный генератор растровых точек

EDGAR electronic data gathering, analyzing and recording (system) электронная система сбора, анализа и регистрации данных

EDGE electronic data gathering equipment электронная система сбора данных

EDH error detection and handling обнаружение ошибок и их обработка

EDI electronic data interchange 1. электронный обмен данными 2. аппаратура обмена данными по электронной почте

EDIT engineering document image transmission передача изображений технических документов

EDL 1. edit decision list список монтажных решений, монтажный лист **2. event definition language** язык описания событий

EDN elementary digital network элементарная цифровая схема

edn edition 1. коррекция, редактирование 2. (электронное) издание

EDP electronic data processing электронная обработка данных

EDPE electronic data processing equipment электронное оборудование обработки данных

EDPS electronic data processing system система электронной обработки данных

EDS 1. electronic data storage система электронного хранения документов **2. electronic data switching** электронная коммутация данных

EDSL extended digital subscriber line цифровая абонентская линия увеличенной протяженности

EDSX electronic digital signal cross connection электронное кроссирование цифровых сигналов

EDTV extended definition TV телевидение повышенной четкости

EDU electronic display unit электронный индикатор или дисплей

EE electrically erased с электронным стиранием (*о запоминающем устройстве*)

E-E electronics-to-electronics 1. тракт «модулятор – демодулятор» в магнитной видеозаписи 2. поверочный режим магнитофона

ee error-excepted исключая ошибки

EEG electroencephalogram электроэнцефалограмма

EEM eigenmode expansion method метод разложения по собственным модам

EEMA European Electronic Mail Association Европейская ассоциация электронной почты

EEP electroencephalophone электроэнцефалофон

EEPROM electrically erasable programmable read-only-memory программируемое запоминающее устройство с электронным стиранием

eff, effic, effy efficiency 1. эффективность 2. коэффициент полезного действия, КПД

EFM electronic field meter измеритель напряженности электрического поля

EFP electronic field production внестудийное видеопроизводство

EFQH error-free quarter hour пятнадцатиминутный измерительный интервал без ошибок

EFS 1. electronic frequency selection электронное переключение частот **2. error-free second** секундный интервал без ошибок **3. error-frequency limit** максимальная допустимая частота однобитовых ошибок

EFTS 1. electronic funds-transfer system *банк.* электронная система платежей, электронный перевод денежных средств **2. error-free transmission** безошибочная передача

EGP exterior gateway protocol протокол внешнего шлюза

EHF extreme-high frequency крайне высокая частота КВЧ (*30 – 300 ГГц*)

EI electronic ionization ионизация электронами

EIA 1. Electronic Industries Association Ассоциация электронной промышленности (*США*) **2. Energy Information Agency** Служба энергетической информации (*США*)

EIDS electronic information delivery system электронная служба доставки сообщений

EIES electronic information exchange system электронная интерактивная информационная система

EIR equipment identification register регистр идентификации оборудования

EIRP, eirp 1. effective isotropically radiated power эффективная мощность изотропного излучения **2. equivalent isotropic radiated power** эквивалентная мощность изотропного излучения

EISN experimental integrated switched network экспериментальная интегральная коммутируемая сеть

EJ electronic journalism видеожурналистика, ВЖ

EL electroluminescence электролюминесценция

ELAN enhanced LAN локальная сеть с улучшенными характеристиками

ELD electroluminescent display электролюминесцентный экран

ELF extreme-low frequency крайне низкая частота КВЧ (*ниже 300 Гц*)

ELM electrical load model модель электрической нагрузки

ELS electron (energy) loss spectroscopy спектроскопия энергетических потерь электронов

ELSI extra large-scale integration 1. ультравысокая степень интеграции 2. ИС с ультравысокой степенью интеграции

ELT emergency locator transmitter аварийный радиомаяк

EM 1. electromagnetic электромагнитный **2. electromechanical** электромеханический **3. electronic mail** электронная почта **4. end-of-medium (character)** символ «конец носителя данных»

em emanation эманация, излучение

EMC 1. electromagnetic compatibility электромагнитная совместимость, ЭМС **2. equipment manufacturer code** код производителя оборудования **3. extended memory coprocessor** расширенный математический сопроцессор

EMCON emission control контроль интенсивности электромагнитного излучения, контроль интенсивности ЭМИ

EMD equilibrium mode distribution равновесное состояние (*многомодового волокна*)

EME 1. earth-moon-earth электромагнитная связь с использованием лунного отражения **2. electromagnetic environment** электромагнитная обстановка, электромагнитная среда

EMF electromotive force электродвижущая сила, эдс

EMG 1. electromiogram электромиограмма **2. electromiograph** электромиограф

EMI, emi electromagnetic interference 1. электромагнитные помехи 2. внутренние [кондуктивные] радиопомехи

EMIFIL electromagnetic interference filter электромагнитный фильтр

EML electromagnetic launcher электромагнитный пускатель, ЭМП

EMM 1. electromagnetic measurement электромагнитные измерения **2. entitlement management message** *тлв* управляющее сообщение титрования (*для доступа к службам декодера или группы декодеров*)

EMP 1. elecromagnetic (wave) propagation распространение электромагнитных волн, распространение ЭМВ **2. electromagnetic protection** электромагнитная защита **3. electromagnetic pulse** электромагнитный импульс (*при ядерном взрыве*)

EMR 1. electromagnetic radiation электромагнитное излучение, ЭМИ **2. electromagnetic relay** электромагнитное реле

e.m.r.p. effective monopole-radiated power эффективная мощность одностороннего излучения

EMS 1. electronic message service служба электронных сообщений **2. energy management system** система управления электропитанием (*монитора*)

EMSEC emanations security скрытность работы радиоэлектронных средств

EMU, emu electromagnetic units единицы электромагнитной системы

EMV electromagnetic vulnerability устойчивость оборудования (связи) к воздействию внешнего электромагнитного излучения

EMW electromagnetic wave электромагнитная волна

ENBW equivalent noise bandwidth эквивалентная шумовая полоса

ENFIA exchange network facilities for interstate access оборудование межстанционного доступа к телефонной сети

ENG electronic news gathering электронная видеожурналистика, электронная ВЖ

ENQ enquiry (character) символ запроса на идентификацию

ENR **1. energy-to-noise ratio** отношение энергии сигнала к спектральной плотности шума **2. equivalent noise resistance** эквивалентное шумовое сопротивление **3. excess noise ratio** коэффициент избыточного шума

ENT **equivalent noise temperature** эквивалентная шумовая температура

EO **end office** оконечная телефонная станция

E/O **electrooptical converter** электронно-оптический преобразователь, ЭОП

EOA **end-of-address (character)** символ «конец адреса»

EOB **end-of-block** символ «конец блока»

EOC **1. end-of-conversion (character)** символ «конец преобразования» **2. embedded information channel** встроенный информационный канал **3. end-of-conversation (signal)** сигнал «конец связи»

EOD **end-of-data (character)** символ «конец данных»

EOE **end-of-extension (character)** символ «конец расширения»

EOF **1. end-of-file (character)** символ «конец файла» **2. end-of-frame (character)** символ «конец кадра»

EOL **end-of-line (character)** символ «конец строки»

EOLM **electrooptic light modulator** электронно-оптический преобразователь, ЭОП

EOM **1. electrooptic modulator** электронно-оптический преобразователь, ЭОП **2. end-of-message (character)** символ «конец сообщения»

EOP **1. end-of-output (character)** символ «конец вывода» **2. end-of-packet (character)** символ «конец пакета» **3. end-of-program (character)** символ «конец программы»

EOR **1. end-of-record (character)** символ «конец записи» **2. end-of-reel** метка конца бобины

EOS **end-of-selection (character)** символ «конец выбора»

EOT **1. end-of-tape** метка «конец ленты» **2. end-of-text (character)** символ «конец текста» **3. end-of-transmission** символ «конец передачи»

EOTB end-of-transmission block (signal) сигнал «конец передачи блока данных»

EP 1. electronic publishing *полигр.* электронное издание **2. end-of-point** *тлв* метка конца титрования

EPD electronic phase distortion акустическое фазовое искажение

EPG Electronic Program Guides электронное расписание программ

EPIRB emergency position-indicating radio beacon аварийный радиомаяк для обнаружения кораблекрушения

epndB effective-perceived noise decibels эффективно воспринимаемый уровень звуковых шумов в дБ

EPP 1. electronic postproduction электронный монтаж **2. enhanced parallel port** параллельный порт с расширенными возможностями

EPR electron paramagnetic resonance электронный парамагнитный резонанс

EPROM erasable programmable read-only memory стираемое перепрограммируемое постоянное запоминающее устройство, СППЗУ

EPS 1. electronic plate scanner *полигр.* сканер печатных форм **2. electronic prepress system** *полигр.* электронная система допечатной обработки **3. emergency power supply** аварийный источник питания

EPSCS enhanced private-switched communication system частная коммутируемая телекоммуникационная сеть с расширенным набором услуг

EQ equipment qualification категоризация оборудования (*связи*)

ER electroreflectance электроотражение

er error ошибка; погрешность

ERC European Radicommunication Committee Европейский радиокоммуникационный комитет

erg electroretinography электроретинография

ERL echo-return loss потери на отражение

ERLINK emergency response link аварийная связь

ERMES European Radio Messaging System Европейская система передачи сообщений

ERO European Radiocommunication Office Европейское радиокоммуникационное бюро

ERP, e.r.p. 1. effective-radiated power эффективная мощность излучения (*антенны*) **2. error recovery procedure** процедура восстановления после ошибок

ES 1. earth station земная станция (связи) **2. elementary stream** элементарный поток (*кодированных двоичных данных*) **3. emission spectroscopy** эмиссионная спектроскопия **4. end system** компьютерная система «источник информации – приемник обработанных данных» **5. errored second** секундный интервал с ошибками **6. expert system** научно-исследовательская компьютерная сеть

ESA electronic shock absorption система антивибрационной защиты (лазерной головки) автомобильной CD-магнитолы (*фирмы Philips*)

ESC 1. engineering service circuit служебный канал техобслуживания **2. escape (character)** 1. разделительный символ в последовательностях буквенного кодирования 2. *вчт* символ «выход из программы»

ESCR elementary stream clock reference опорный сигнал элементарного потока (*для синхронизации декодера*)

ESD 1. electronic software distribution система продажи программного обеспечения по электронной почте **2. electrostatic discharge** электростатический разряд

ESF extended superframe расширенный суперкадр; расширенный суперфрейм

ESIC Environmental Science Information Center Информационный центр по наукам об окружающей среде

ESMR electronically scanning microwave radiometer СВЧ-радиометр с электронным сканированием

ESN electronic serial number электронный серийный номер (*радиотелефона или программного обеспечения*)

ESO error-second outage перерыв из-за превышения допустимого числа ошибок в секунду

ESP 1. electronic shock protection система антивибрационной защиты (лазерной головки) автомобильной CD-магнитолы (*фирмы Sony*) **2. Enhanced-Service Provider** провайдер с расширенным спектром услуг

ESPRDIT European Strategic Programme for Research and Development in Inform Technologies Европейская стратегическая программа исследования и развития информационных технологий

esr equivalent series resistance эквивалентное последовательное сопротивление

ESS 1. electronic still store видеонакопитель **2. electronic switching system** электронный коммутатор

EST eastern standard time эталонное восточное время

ESU, esu electrostatic units электростатические единицы

ET 1. earth terminal земная станция (*спутниковой связи*) **2. exchange termination** *тлф* абонентское окончание

ETACS enhanced TACS расширенная TACS-система

ETB 1. electronic tandem switching электронная последовательная коммутация **2. end-of-text block (character)** символ «конец текстового блока» **3. end-of-transmission block (character)** символ «конец передаваемого блока»

ETC 1. enhanced-throughput cellular сотовая сеть связи повышенной пропускной способности **2. enhanced transmission correction** усовершенствованный протокол передачи данных с коррекцией **3. extraterrestrial communication** связь с внеземными цивилизациями

ETI electronic telephone instrument электронный телефонный аппарат, электронный ТФА

ETN electronic tandem network сеть с электронной коммутацией

ETP electronic test pattern электронная испытательная таблица

ETS European Telecommunication Standard Европейский телекоммуникационный стандарт

ETSI European Telecommunication Standards Institute Европейский институт стандартов связи

ETSS electronic telephone switching system электронная система коммутации телефонных сигналов

ETV educational television учебное телевидение

ETX 1. end-of-text (character) символ «конец текста» **2. end-of-transmission (character)** сигнал «конец передачи»

Eurex computer-based trading system for the Eurobonds market международная электронная система по обслуживанию операций на рынке еврооблигаций

EURONET European (information) network Европейская информационная сеть

EUTELSAT European (telecommunication) satellite organization Европейская организация спутников связи

EV exposure value экспозиционное световое число

eV electron volt электрон-вольт, эВ

EVA electronic vocal analog электронный голосовой аналог

EVE electronic video exchange 1. электронный видеообмен 2. электронный видеокоммутатор

EVR electronic videorecording электронная видеозапись

EW 1. electromagnetic wave электромагнитная волна **2. electronic warfare** радиопротиводействие; радиовойна

ex exposition 1. экспозиция 2. экспонирование

exc exciter 1. задающий (*контур*); возбудитель 2. облучатель

exch exchange 1. обмен 2. телефонная станция; коммутатор

EXCSA Exchange Carriers Standards Association ассоциация стандартов обмена данными

EXOR exclusive OR исключающее ИЛИ

EXP electronic crosspoint электронный контактный коммуникационный элемент

exp(os) exposure 1. экспозиция 2. экспонирование

E/Z equal zero равен нулю

F

F 1. farad фарада, Ф **2. field** 1. поле 2. обмотка возбуждения **3. filament** 1. нить накала 2. катод прямого накала **4. filter** фильтр **5. frequency** частота **6. function** 1. функционирование, работоспособность 2. назначение 3. функция **7. fuse** плавкий предохранитель

f femto фемто-, ф, 10^{-15}

FA 1. factory automation автоматизация предприятия **2. frame antenna** рамочная антенна **3. frequency adjustment** регулирование частоты

fa fire alarm пожарная сигнализация

FACCH fast associated control channel быстрый объединенный канал управления

FACCH/F fast-associated control channel быстрый канал управления [БКУ], совмещенный с TCH/F

FACCH/H fast-associated control channel быстрый канал управления [БКУ], совмещенный с TCH/H

facs(m) facsimile 1. факсимиле 2. факсимильная связь

FAD facility access device устройство доступа к средствам передачи информации

FAGC fast automatic gain control быстрая автоматическая регулировка усиления, БАРУ

FAM 1. fast-access memory быстродействующее ЗУ **2. final assembly mode** режим последней передачи **3. frequency amplitude modulation** амплитудно-частотная модуляция, АЧМ

FAMA fixed-assigned multiple access множественный доступ с постоянным предоставлением каналов

FAN factory-area network производственная сеть (*связи*)

FAQ frequently-asked questions (file) файл с ответами на типичные вопросы пользователей

FAS 1. factory access system система с гибким доступом **2. full automatic shooting** автоматическая съемка

FATDL frequency and time-division line линия связи с частотным и временным разделением

FAX, fax facsimile 1. факсимиле 2. факсимильная связь

FB 1. feedback обратная связь, ОС **2. functional block** функциональный блок

FC 1. fiber channel волоконно-оптический кабель, ВОК **2. frame control** управление пакетом (*данных*) **3. frequency changer** преобразователь частоты **4. frequency conversion** преобразование частоты **5. function code** код режима работы

FCA fixed-channel assignment закрепленное распределение каналов

FCB file-control block блок управления файлом

FCC 1. Federal Commission of Communication Федеральная комиссия связи, ФКС **2. frequency-to-current converter** преобразователь частота – ток

FCCH frequency correction channel канал подстройки частоты несущей

FCFS first-come, first-served система поочередного обслуживания вызовов

FCL feedback control loop система управления с обратной связью, замкнутая система управления

FCN facsimile communication network сеть факсимильной связи

FCRAO Five Colleges Radioastronomy Observatory радиоастрономическая обсерватория пяти колледжей на базе радиотелескопа с 14-метровой шаровой антенной

FCS 1. fast-circuit switching быстрая коммутация линий **2. feedback control system** система управления с обратной связью, замкнутая система управления **3. fiber channel standard** стандарт на волоконно-оптические каналы **4. frame check sequence** контрольная последовательность кадров

fcst forecast прогноз, предсказание

fct function 1. функционирование, работоспособность 2. назначение 3. функция

FD 1. field поле **2. floppy disk** дискета, гибкий диск **3. focal distance** фокусное расстояние **4. frequency divider** делитель частоты **5. frequency division** деление частоты **6. frequency doubler** удвоитель частоты **7. full duplex** дуплексная [двусторонняя] связь

FDB file-description block блок описания файла

fdbk feedback обратная связь, ОС

FDC frequency-down conversion преобразование с понижением частоты

FDCT fast discrete cosine transform быстрое дискретное косинусное преобразование

FDD frequency division duplex дуплексная связь с частотным разделением каналов

FDDI fiber-distributed data interface интерфейс передачи данных по волоконно-оптической сети, интерфейс передачи данных по ВОС

FDHM full-duration-at-half-maximum полная длительность (импульсной переходной характеристики) по полувысоте

FDM 1. frequency-division modulation модуляция с частотным разделением **2. frequency-division multiplex(ion)** мультиплексирование с частотным разделением

FDMA frequency-division multiple access 1. многостанционный доступ с частотным разделением каналов 2. частотное разделение для смежных сот

FDMF first deliverable message first дисциплина обслуживания «первое доставленное сообщение обслуживается первым»

FDR flight-data recorder регистратор полетной информации

FDS field-desorption spectroscopy автодесорбционная спектроскопия

FDX full-duplex transmission дуплексная [двусторонняя] передача (*о системе связи*)

FEB functional electronic block электронный блок

FEBE far-end block error ошибка блока на дальнем конце линии

FEC forward error correction 1. прямое исправление ошибок 2. система коррекции с избыточным кодированием

FECC Federal Emergency Communications Coordinators Федеральные координаторы связи в чрезвычайных ситуациях

FED ferroelectric display сегнетоэлектрический индикатор

FEFO first-ended, first-out дисциплина обслуживания очередей «первый обслужен – первый на выходе»

FEP front-end processor процессор (системы) телеобработки данных

FERRAM ferroelectric random-access memory ферроэлектрическое запоминающее устройство с произвольной выборкой, ферроэлектрическое ЗУПВ

FET field-effect transistor полевой транзистор

FEXT far-end crosstalk *тлф* перекрестные помехи на приемном конце линии

FF 1. far field дальнее поле **2. fast forward** ускоренная перемотка вперед **3. fixed focus** фиксированная фокусировка **4. flip-flop** 1. триггерная схема, триггер 2. бистабильный мультивибратор

FFH fast frequency hopping быстрая скачкообразная перестройка частоты

FFP far-field pattern диаграмма направленности антенны в дальней зоне, ДНА в дальней зоне

FFSK fast frequency shift keying быстрая частотная манипуляция

FFT fast Fourier transform быстрое преобразование Фурье

FFTA fast Fourier transform analyzer анализатор с быстрым преобразованием Фурье

FG foreground передний план

FGFR first-generated, first-received дисциплина обслуживания «первый сгенерирован – первый принят»

FH frequency hopping скачкообразная перестройка частоты

FHMA frequency-hopping multiple access многостанционный доступ со скачкообразной перестройкой частоты

FHT fast Hartley transform быстрое преобразование Хартли

FIBERNET fiber network локальная сеть с волоконно-оптическими линиями связи (*Канада*)

Fi bp filter bypass полоса пропускания фильтра

FIC 1. flight-information center центр сбора полетной информации **2. fractal image compression** фрактальное сжатие изображений

FICS facsimile intelligent communication system система факсимильной передачи с процессором в сети

FIFO first-in, first-out дисциплина обслуживания очередей «первый на входе – первый на выходе»

Fig figure 1. рисунок; чертеж 2. фигура 3. цифра 4. коэффициент

FIGS figures shift установка регистра цифр (*на клавиатуре компьютера*)

FIIT front-side illuminated-interline transfer *тлв* черес-строчный перенос изображения с фронтальным освещением

fil 1. filament 1. нить накала 2. катод прямого накала **2. filter** фильтр

FIM field-intensity meter измеритель напряженности поля

FINDS Fuji Integrated News Directing System *фирм.* интегрированная система управления и обработки новостей

FIP 1. factory-information protocol протокол с паспортными данными **2. fluorescent indicator panel** люминесцентная индикаторная панель

FIPS Federal Information Processing Standards федеральные стандарты обработки информации (*США*)

FIR 1. far infrared дальняя ИК-область спектра **2. finite impulse response** конечная импульсная характеристика, КИХ

FIRM frustrated internal reflectance modulator модулятор на эффекте нарушенного полного внутреннего отражения

FIRMR Federal Information Resources Management Regulations федеральные постановления по управлению информационными ресурсами

FIRO first-in, random-out дисциплина обслуживания «первый на входе – случайный на выходе»

FIRST flexible integrated radio system technology гибкая технология интегрированных радиосистем

FIS field-ion spectroscopy автоионная спектроскопия

FIT frame interline transfer кадрово-строчный перенос

FITL fiber-in-the-loop технология внедрения волоконно-оптических линий связи

FIU frequency-identification unit частотомер, волномер

FL focal length фокусное расстояние

fl filter фильтр

FLAD fluorescence-activated display люминесцентная индикаторная панель

FLAG fiber-optic link around the Globe всемирная сеть волоконно-оптической связи

FLC fiber loop carrier волоконно-оптический канал связи

FLD four-layer diode динистор

fld field 1. поле 2. обмотка возбуждения

flhp filter highpass ВЧ-фильтр

FLIR forward-looking infra-red (imager) формирователь изображения на ИК-лучах с прямым предсказанием

FLITSATCOM fleet satellite communications авиационная система спутниковой связи

FLL frequency-locked loop система автоматической подстройки частоты, система АПЧ

FLOC fault locator искатель повреждений

FLOP floating point operation операция с плавающей запятой

FLP fluorescent panel люминесцентная индикаторная панель

flt фильтр

FM 1. file memory файловая память **2. frequency modulation** частотная модуляция, ЧМ **3. frequency multiplex** частотное управление

fm 1. femtometer фемтометр **2. fine measurement** точное измерение

FMCW frequency-modulated continuous wave непрерывный частотно-модулированный сигнал, непрерывный ЧМ-сигнал

FMD frequency modulation demodulator демодулятор частотно-модулированных сигналов, демодулятор ЧМ-сигналов

FMIC frequency monitoring and interference control контроль частоты сигнала и помехи

FMO frequency multiplier oscillator генератор с умножителем частоты

FMR 1. ferromagnetic resonance ферромагнитный резонанс **2. frequency-modulated receiver** частотно-модулированный приемник, ЧМ-приемник

FMT frequency-modulated transmitter передатчик ЧМ-сигналов, ЧМ-передатчик

fmt format 1. формат (*данных*) 2. оперативная конфигурация

FMX frequency-modulated transmitter передатчик ЧМ-сигналов, ЧМ-передатчик

FN frame number номер кадра

FNSS fixed network switching system система коммутации для сетей с закрепленными каналами

FO 1. fiber-optical волоконно-оптический **2. fiber optics** волоконная оптика **3. filter output** выход фильтра

FOC 1. fiber-optic cable волоконно-оптический кабель, ВОК **2. fiber-optics communication** волоконно-оптическая связь

FOCL fiber-optic communication line волоконно-оптическая линия связи

FOCS fiber-optic communication system волоконно-оптическая система связи

FOD fax-on-demand факс по запросу; факс по требованию

FODTI fiber-optic data transmission interface волоконно-оптический интерфейс передачи данных, ВОИПД

FOH fixed overhead фиксированный заголовок

FOIRL fiber-optic inter-repeater link межретрансляторная линия волоконно-оптической связи (*об Ethernet*)

FOLAN fiber-optic local area network локальная сеть с волоконно-оптическими линиями связи

FOM figure of merit 1. показатель качества **2.** добротность

FOT 1. fiber-optic transceiver волоконно-оптический приемопередатчик **2. frequency of optimum traffic [transmission]** максимальная [наивысшая] рабочая частота (*для конкретного тракта в конкретное время за 90% дней месяца*)

FOTS fiber-optic transmission system волоконно-оптическая система передачи

FP 1. front projection фронтальная проекция, фронт-проекция **2. function processor** функциональный процессор

FPD flat-panel display 1. индикаторная панель 2. монитор с плоским экраном

FPFR fast-packet frame relay скоростная передача с ретрансляцией кадров

FPGA field-programmable gate array матрица логических элементов с эксплуатационным программированием

FPIS forward propagation ionospheric scatter ионосферное рассеяние при распространении электромагнитных волн [ЭМВ] в прямом направлении

FPLA field-programmable logic array логическая матрица, коммутируемая пользователем

FPLL frequency-and-phase-locked loop фазовая автоматическая подстройка частоты, ФАПЧ

FPLMTS Future Public Land Mobile Telephone System проектируемая наземная система подвижной телефонной связи

fpm frame-per-minute кадров в минуту

FPS frame-per-second кадров в секунду

FR 1. failure rate интенсивность отказов **2. frame relay** ретрансляция кадров **3. frequency response** амплитудно-частотная характеристика, АЧХ

FRANS Fibre Radio ATM Network and Services волоконно-оптические АТМ-радиосети и службы

FRC 1. fast reservation control быстрое управление резервированием **2. fixed radio communication** радиосвязь со стационарными объектами

FRF frequency response function амплитудно-частотная характеристика, АЧХ

freq frequency 1. частота 2. радиостанция

FRM, frm 1. frame 1. рама, стойка 2. блок данных, кадр 4. формат 5. цикл (*сигнала*) 6. видеотексный кадр (*1/26 экранной страницы монитора видеотексной системы*) **2. frequency meter** частотомер

FRR fault reflective relay реле обнаружения и локализации повреждений

FS 1. field separator разделитель полей **2. focusing scale** шкала расстояний **3. focusing screen** 1. фокусировочный экран 2. матовое стекло **4. forward scattering** рассеяние в прямом направлении **5. frame status** состояние пакета **6. frequency shifting** 1. сдвиг частоты, уход частоты 2. частотная манипуляция, ЧМн **7. frequency synchronization** частотная синхронизация **8. full scale** полная шкала

FSC 1. fractionally spaced corrector дробно-интервальный корректор **2. frequency-shift coding** кодирование со сдвигом частоты

fsd full scale deflection отклонение на полную шкалу

FSDPSK filtered symmetric differential phase-shift keying симметричная дифференциальная фазовая манипуляция со сглаживанием фазовых искажений

FSH frame synchronizing header синхронизирующий заголовок кадра

FSK frequency-shift keying частотная манипуляция, ЧМн

FSL 1. free-space loss потери в свободном пространстве **2. frequency-selective limiter** частотно-избирательный ограничитель

FSM field-strength meter измеритель напряженности поля

FSP 1. file service process процесс обслуживания файлов **2. frequency standard, primary** первичный эталон частоты

FSR full-scale range полный диапазон измерений

FSS 1. fixed satellite service фиксированная служба спутниковой связи **2. flying spot scanner** телекинодачик с бегущим лучом **3. frequency selective surface** частотно-избирательная поверхность

FSTU free space transmission unit устройство эфирного вещания

FSU filling signaling unit заполняющая сигнальная единица

FT 1. frame transfer покадровая передача (*изображения*) **2. frequency tolerance** допустимое отклонение частоты

FTAM file transfer, access and management управление доступом к файлам и их передачей

FTAW full-time auto-white *тлф* непрерывный автобаланс белого

FTC fast-time circuit схема подавления НЧ-составляющих сигналов, обусловленных мешающими отражениями

FTF 1. Federal Telecommunication Fund Федеральный телекоммуникационный фонд (*США*) **2. file transfer facility** средство передачи файлов

FTP 1. file-transfer protocol служба обмена файлами **2. foiled-twisted pair** скрученная пара

FTS Federal Telecommunication System федеральная сеть (дальней) связи (*США*)

FTS2000 Federal Telecommunication System 2000 программа «Федеральная сеть дальней связи 2000» (*США*)

FTSC Federal Telecommunication Standard Committee Федеральный комитет телекоммуникационных стандартов (*США*)

FTTB fiber-to-the-building технология ввода в здания оптического кабеля

FTTC fiber-to-the-curb технология ввода в здания оптического кабеля

FTTH fiber-to-the-home технология внедрения волоконно-оптической связи в быту

FTTO fiber-to-the-office технология внедрения волоконно-оптической связи в офисе

fu 1. flux unit янский, Ян (*единица потока космического радиоизлучения, 10^{-26} Вт/м$^{-2}$ Гц* **2. fuse** плавкий предохранитель

fun(c) function 1. функционирование, работоспособность 2. назначение 3. функция

FV full voltage полное напряжение

FVDA fully variable demand assignment полностью регулируемое предоставление каналов по требованию

FW 1. firmware программно-аппаратные средства **2. forward wave** прямая волна **3. full-wave** двухполупериодный

FWHM full-width-at-half-maximum 1. длительность (импульса) на уровне половины амплитуды 2. полная ширина кривой распределения на уровне полумаксимума

FWR 1. full-wave rectifying двухполупериодное выпрямление **2. full-wave rectifier** двухполупериодный выпрямитель

FWS fixed wireless station стационарная радиостанция

FWTM full-width-at-tenth maximum 1. длительность (импульса) на уровне одной десятой амплитуды 2. полная ширина кривой распределения на уровне одной десятой максимума

FX foreign exchange (service) служба международной телефонной связи

FYI for your information сообщение «к вашему сведению» (*принятое в Интернете*)

G

G 1. gain коэффициент усиления **2. gate** 1. логическая схема 2. управляющий электрод 3. затвор 4. вентиль 5. шлюз **3. Gauss** гаусс, Гс **4. generator** генератор **5. giga** гига-, 10^9 **6. gold** золото **7. grid** 1. сеть 2. решетка, сетка 3. структура **8. ground** «земля», заземление

GaAs gallium arsenide арсенид галлия

GaAsP gallium arsenide phosphide арсенофосфид галлия

GAM graphic access method графический метод доступа

GaN gallium nitride нитрид галлия

GAT 1. Greenwich apparent time точное время по Гринвичу **2. ground-to-air transmitter** передатчик системы связи «Земля – летательный аппарат», передатчик системы связи «Земля – ЛА»

GB 1. gain-bandwidth произведение коэффициента усиления на ширину полосы пропускания **2. gigabyte** гигабайт (*10^9 байт*) **3. grid bias** сеточное смещение **4. grounded base** общая база (*транзистора*)

Gb gigabit гигабит, Гбит (*10^9 / бит*)

GBH group-busy hour час наибольшей занятости [ЧНЗ] для группы каналов

GBP gain-bandwidth product произведение коэффициента усиления на ширину полосы пропускания

GC 1. gain control регулировка усиления **2. game computer** игровой компьютер **3. gigacycle** гигагерц, ГГц (*10^9 Гц*) **4. grounded collector** общий коллектор

GCA Graphic Communication Association Ассоциация полиграфических средств массовой коммуникации (*США*)

GCE ground-communication equipment наземная аппаратура связи

GCI general-circuit interface *тлф* главный схемный интерфейс

GD group delay групповая задержка

GDF group-distribution frame *тлф* коммутируемый щит для группы каналов

GE graphic equalizer графический эквалайзер

GEMCS Global Emergency Marine Communication System глобальная морская система связи при бедствии

gen generator генератор; устройство формирования

GEOSO 1. geostationary satellite orbit геостационарная спутниковая орбита **2. geosynchronous satellite orbit** геосинхронная спутниковая орбита

GERT graphical evaluation and review technique метод графической оценки и анализа сетей

GETS Government Emergency Telecommunication Service правительственная служба оповещения населения о чрезвычайных ситуациях

GF Galois field поле Галуа

GFC generic flow control комбинированное управление потоком (*данных*)

GGCL government-to-government communication link межправительственная линия связи

GGP Gateway-to-Gateway Protocol протокол межсетевого сопряжения

GGPS ground global processing system наземная система обработки информации

GHz gigahertz гигагерц, ГГц (*10^9 Гц*)

GID group identifier идентификатор группы каналов

GIE ground instrumentation equipment наземная контрольно-измерительная аппаратура

GIF graphic image format формат графического изображения

GIF89a graphic image format 89a формат графического изображения с поддержкой режима чересстрочной развертки

GIGO garbage-in-garbage-out «мусор на входе – мусор на выходе» (*бессмысленный ответ на бессмысленно поставленный вопрос*)

GII global information infrastructure глобальная информационная инфраструктура

GIS 1. gas-insulated switchgear элегазовая коммутационная аппаратура **2. geographical information system** геоинформационная система **3. graphics input scanner** *полигр.* сканер для ввода графического материала

4GL Fourth Generation Language язык (программирования) четвертого поколения

gls glass стекло || стеклянный

GLO(BE)COM global communication (system) глобальная система связи

GM 1. global memory оперативное запоминающее устройство, ОЗУ **2. grid modulation** сеточная модуляция **3. group mark** метка группы

G-MCS Gate MCS подсистема управления связью подвижных объектов

GMDSS Global Marine Distress and Safety System глобальная система обеспечения безопасности судов

GMHS Global Message Handling System глобальная система обработки сообщений

GMSECS Global Marine System for Emergency Communications and Safety глобальная морская система связи при бедствии и для обеспечения безопасности, ГМССОБОБ

GMSK Gaussian minimum shift keying гауссова манипуляция с минимальным частотным сдвигом

GMSSC Getaway Mobile Services Switching Center межсетевой коммутационный центр подвижной связи

GMT 1. Global Media Transfer глобальная система передачи мультимедийной информации **2. Greenwich Mean Time** всемирное [гринвичское среднее] время

GN 1. Gaussian noise гауссов шум **2. generator** генератор; устройство формирования

gnd ground «земля», заземление

GNSS Global Navigation Satellite System глобальная система спутниковой навигации

GOP, gop group of pictures *тлв* группа изображений (*MPEG-структуры*)

GOS grade of service *тлф* класс обслуживания

GOSIP Government Open System Interconnection Profile правительственный профиль взаимодействия открытых систем (*США*)

GOW guided optical waves канализируемые оптические волны

GPA 1. gate-pulse amplifier селектор строб-импульсов **2. general-purpose amplifier** универсальный усилитель

GPC 1. generalized prediction checker блок обобщенного контроля с предсказанием **2. general periferal controller** универсальный периферийный контроллер **3. general protocol converter** преобразователь общего протокола

GPG gate-pulse generator селектор строб-импульсов

GPI 1. general purpose interface 1. интерфейс общего назначения 2. интерфейс графических программ **2. global path identifier** определитель глобального маршрута

GPIA general-purpose interface adapter универсальный адаптер для сопряжения с линией связи

GPIB general-purpose interface bus универсальная интерфейсная шина

GPMB Green Paper on Mobile and Personal Communication Зеленый доклад о развитии мобильной и персональной связи

GPR general-purpose register регистр общего назначения, РОН (*о сотовой связи*)

GPRS General Packet Radio Service обобщенные услуги пакетной радиопередачи

GPS Global Positioning System глобальная (спутниковая) система определения местоположения абонента сотовой связи

GPSS general-purpose simulation system универсальная система моделирования

GRA group random access групповой произвольный доступ

GRAN generic radio access network обобщенная сеть радиодоступа

GRP Gaussian random access гауссов случайный процесс

GS 1. General Secretariat генеральный секретариат (*МСЭ*) **2. ground station** наземная станция (*связи*) **3. group separator** разделитель групп данных

GSAM general sequential access method обобщенный последовательный метод доступа

GSC 1. global standards collaboration согласование глобальных стандартов (сотовой) связи **2. Golay sequential code** последовательный код Голея

GSI 1. generalized communication interface связной интерфейс общего назначения **2. grand-scale integration** 1. ультравысокая степень интеграции 2. ультрабольшая интегральная схема, ультрабольшая ИС

GSM 1. Global System for Mobile (Communications) глобальная система подвижной связи **2. Groupe Spécial Mobile** группа экспертов подвижной связи

GSO geostationary satellite orbit геостационарная орбита (*спутника связи*)

GST Greenwich side(-real) time звездное время по гринвичскому меридиану

GT 1. gas tube газоразрядный прибор (*напр. электронная лампа*) **2. guard time** защитный временной интервал

G/T gain(-to-noise-)temperature шумовая температура (*антенны*)

GTMS graphic text-management system *полигр.* система, управляющая обработкой текстовых и графических материалов

GTN 1. global transportation network глобальная сеть передачи данных **2. government telecommunication network** сеть правительственной связи (*Великобритания*)

GTO gate turn-off с коммутируемым затвором (*о тиристоре*)

GTP Government Telecommunication Program Правительственная телекоммуникационная программа (*США*)

GTS 1. Global Telecommunication System глобальная телекоммуникационная сеть **2. Government Telecommunication System** правительственная сеть связи (*США*)

GTX Gentex Гентекс (*система международной автоматической телеграфной связи общего пользования*)

GUI graphic-user interface графический интерфейс пользователя

GVPN global virtual private network глобальная виртуальная частная сеть

GWEN ground-wave emergency network сеть аварийной связи с использованием радиоволн

H

H 1. hardware аппаратное обеспечение **2. hecto** гекто-, 10^2 **3. henry** генри, Гн **4. homing** привод

h 1. hecto гекто- (10^2) **2. hour** час, ч

HA 1. high amplitude большая амплитуда **2. high availability** высокая степень доступности; высокий коэффициент готовности **3. home address** собственный адрес, адрес отправителя

HAC 1. horizontal aperture correction горизонтальная апертурная коррекция **2. horizontal aperture corrector** горизонтальный апертурный корректор

HAD half-amplitude duration длительность импульса по уровню половинной амплитуды

HADTS high-accuracy data transmission system прецизионная система передачи данных

HAMA handoff-assigned multiple access многостанционный доступ с автоматическим предоставлением каналов

H & J hyphenation-and-justification *полигр.* перенос и выключка строк

HBI horizontal blanking interval *тлв* строчный интервал гашения

HBT geterojunction bipolar transistor биполярный транзистор на гетеропереходе

HC 1. hard card жесткая плата **2. heating coil** нагревательная катушка **3. high conductivity** высокая проводимость **4. holding coil** удерживающая катушка

HCMTS high-capacity mobile telephone system служба мобильной телефонной связи с высокой пропускной способностью

HCS 1. hard-clad silica оптоволокно из кварцевого стекла в жесткой оболочке **2. header check sequence** контрольная последовательность заголовка

HD 1. half-duplex полудуплексная [симплексная] передача **2. Hamming distance** расстояние Хэмминга **3. hard disk** жесткий диск, винчестер **4. harmonic distortion** гармоническое [нелинейное] искажение **5. heavy duty** тяжелый режим **6. high density** высокая плотность (*о записи данных*) **7. hyperfocal distance** гиперфокальное расстояние

HDAM hierarchical direct-access method иерархический прямой метод доступа

HDC 1. half-duplex channel полудуплексный канал **2. hard disk controller** контроллер винчестера

HDD hard disk drive жесткий диск, винчестер

HDDR high-density digital recording цифровая запись с высокой плотностью

HDF hierarchical data format формат данных иерархической структуры

HDI high-density interface интерфейс с высокой плотностью передачи данных

HDL hardware description language язык описания аппаратного обеспечения

HDLC high-level data-link control высокоуровневое управление линией передачи данных

HDPCM hybrid differential pulse-code modulation гибридная дифференциальная импульсно-кодовая модуляция, ГДИКМ

HDS half-duplex полудуплексная [симплексная] связь

HDSL high(-rate) digital subscriber loop цифровая абонентская линия с поддержкой высокоскоростного обмена данными

HDTV high-definition television телевидение высокой четкости, ТВЧ

HDU hard disk unit жесткий диск, винчестер

HDVS high-definition video system телевидение высокой четкости, ТВЧ

hdw hardware аппаратное обеспечение

HDX half-duplex полудуплексная [симплексная] связь

HE11 базовая гибридная мода (*оптоволокна*)

HEC header-error control контроль ошибок в заголовке

HED horizontal electric dipole горизонтальный электрический диполь

HEL header-extension length длина расширения заголовка

HEMP high-altitude electromagnetic pulse электромагнитный импульс высокого уровня

HEMW hybrid electromagnetic wave гибридная электромагнитная волна

HERF high-energy radio frequency радиочастотное излучение большой мощности, РЧ-излучение большой мощности

HES home electronic system бытовая стереосистема

heterode heterojunction diode гетеродиод, диод на гетеропереходах

HEX, hex hexadecimal шестнадцатеричный (*о системе счисления*)

HF high frequency 1. высокая частота, ВЧ 2. радиочастота, РЧ

HFA high-frequency amplifier высокочастотный усилитель, ВЧ-усилитель

HFC 1. high-frequency choke высокочастотный дроссель, ВЧ-дроссель **2. high-frequency correction** ВЧ-коррекция **3. hybrid fiber/coaxial (network)** гибридная коаксиально-волоконно-оптическая сеть (*связи*)

HFD high-frequency diffraction высокочастотная дифракция, ВЧ-дифракция

HFDF high-frequency distribution frame распределительный щиток коммутации радиосредств

HFM high-frequency mode 1. высокочастотная мода, ВЧ-мода 2. высокочастотный (*о КВ-диапазоне*)

HFO high-frequency oscillator высокочастотный генератор, ВЧ-генератор

HFX high-frequency transceiver приемопередатчик ВЧ-диапазона

HG 1. harmonic generator генератор гармоник **2. hypergroup** пятеричная группа (*каналов*)

HGA high-gain antenna антенна с высоким коэффициентом усиления

HI host interface интерфейс хоста

HIC hybrid integral circuit гибридная интегральная схема, гибридная ИС

HICAP high capacity высокая пропускная способность (*сети связи*)

HIDAM hierarchical indexed direct access method иерархический индексно-прямой метод доступа

HIDM high-information delta-modulation дельта-модуляция повышенной информативности, ДМПИ

Hi-End high end стандарт профессиональной аудиоаппаратуры

Hi-Fi, hi-fi high fidelity 1. высокая верность воспроизведения звука 2. аудиоаппаратура категории Hi-Fi

HILAN hierarchical-integrated local-area network интегральная локальная сеть с иерархической структурой

Hi-Lo high-low высокие и низкие (*о частотах*)

Hiperlan high-performance radio local-area network высокопроизводительная локальная радиосеть

HiPPI high-performance parallel interface высокопроизводительный параллельный интерфейс

HIRS high(-resolution) infrared radiation sounder ИК-радиометр с высокой разрешающей способностью

HISAM hierarchical indexed-sequential access method иерархический индексно-последовательный метод доступа

Hi-tech high technology передовая технология

H(L)DLC high(-level) data-link control 1. высокоуровневое управление каналом передачи данных 2. высокоуровневый протокол управления каналом передачи данных

HLL high-level language высокоуровневый язык

HLN high-level network высокоуровневая сеть

HLO-PAL half-line offset PAL ПАЛ с полустрочным офсетом (*о системе ТВ-вещания*)

HLPI high-level protocol identifier идентификатор высокоуровневого протокола

HLR home location register регистр местоположения дома, РМД

HLS hue-lightness-saturation «цветовой тон – яркость – насыщенность» (*способ коррекции цветовых характеристик сканированного изображения*)

HLSI hybrid large-scale integration гибридная интегральная схема, гибридная ИС

HLT high-level transmission высокоточная передача данных

HMD 1. head-mounted display шлемный индикатор **2. horizontal magnetic dipole** горизонтальный магнитный диполь

HMI human-machine interface интерфейс «человек – машина»

HMT human-machine terminals терминал «человек – машина»

HP, hp 1. heptode гептод **2. high-pass** пропускающий верхние частоты (*о фильтре*) **3. horizontal polarization** горизонтальная поляризация **4. horse power** лошадиная сила

HPA high-power amplifier усилитель большой мощности

HPBW half-power bandwidth ширина полосы частот по уровню половинной мощности

HPCC high-performance computing-and-communications высокопроизводительная обработка и передача данных

HPF high-pass filter фильтр высокой частоты, ФВЧ

HPLL hybrid phase-locked loop гибридная система фазовой автоматической подстройки частоты, гибридная система ФАПЧ

HQTV high-quality television телевидение высокого качества, ТВК

HR high resolution высокое разрешение

hr hour час, ч

HRC 1. high resolution control управление высоким разрешением **2. hybrid ring control** гибридное управление кольцом (*сети*) **3. hypothetical reference circuit** гипотетическая эталонная сеть

HRDP hypothetical reference digital part гипотетический эталонный цифровой тракт

HRS high-resolution spectrometer спектрометр высокого разрешения

HS 1. handset трубка телефонного аппарата, трубка ТФА **2. horizontal scale** горизонтальная шкала

HSAM hierarchical sequential access method иерархический метод последовательного доступа

HSB hue-saturation-brightness «цветовой тон – насыщенность – яркость» (*способ коррекции цветовых характеристик сканированного изображения*)

HSDL high-speed data link высокоскоростной канал передачи данных

HSIC high-speed integrated circuit быстродействующая интегральная схема, быстродействующая ИС

HSL hue-saturation-lightness «цветовой тон – насыщенность – яркость» (*способ коррекции цветовых характеристик сканированного изображения*)

HSPCM high-speed pulse-code modulation высокоскоростная импульсно-кодовая модуляция, высокоскоростная ИКМ

HSSI high-speed serial interface высокоскоростной последовательный интерфейс

HSSN 1. high-speed switching network высокоскоростная коммутируемая сеть **2. hopping sequence number** номер последовательности переключений

HSTP high-speed transport protocol протокол высокоскоростной передачи данных

HSV hue-saturation-value «цветовой тон – насыщенность – значение» (*способ коррекции цветовых характеристик сканированного изображения*)

HT 1. handset *проф.* наушники, головной телефон **2. high tension** высокое напряжение **3. horizontal tabulation (character)** символ горизонтальной табуляции

ht halftone полутон

HTML Hyper-Text Mark-up Language гипертекстовый язык, стандарт HTML-файлов

HTTP Hyper-Text Transfer Protocol протокол пересылки гипертекста

HUD head-up display шлемный индикатор

HV high voltage высокое напряжение

HVC hue-value-chroma «цветовой тон – значение – цветность» (*способ коррекции цветовых характеристик сканированного изображения*)

HVEXP high-voltage electronic crosspoint высоковольтный электронный коммутационный элемент

HVPS high-voltage power supply высоковольтный источник питания

HW 1. half-wave однополупериодный **2. hardware** аппаратное обеспечение

HWR half-wave rectifier однополупериодный выпрямитель

HX hexode гексод

HYPASS hybrid-packet switching system гибридная система пакетной коммутации

Hz Hertz герц, Гц

I

I 1. increment инкремент **2. indicator** индикатор; счетчик **3. in-phase** синфазный **4. interference** помехи **5. inverter** инвертор

I^2 intellectual interface интеллектуальный интерфейс

IA 1. indirect access непрямой доступ **2. international angstrom** международный ангстрем

IA2 International Alphabet № 2 международный телекоммуникационный код (*передачи данных*) №2

IA5 International Alphabet № 5 международный код телеграфной и телекодовой связи №5

IAB Internet Activities Board Комитет по надзору за сетью Интернет

IACK interrupt acknowledge подтверждение прерывания

IAGC instantaneous automatic gain control мгновенная автоматическая регулировка усиления, МАРУ

I&A identification & authentication идентификация и аутентификация

IARU International Amateur Radio Union Международный союз радиолюбителей

IAS 1. interactive application system прикладная интерактивная система **2. ion-acoustic scattering** рассеяние на ионно-звуковых волнах

IAT International Atomic Time международное атомное время

IAVC instantaneous automatic volume control мгновенная автоматическая регулировка громкости

IBA Independent Broadcasting Authority Управление независимого телевидения (*Великобритания*)

IBAC in-band adjacent channel внутриполосный соседний канал

IBC 1. impedance boundary condition импедансное граничное условие Леонтовича **2. International Broadcasting Company** международная вещательная компания **3. International Broadcasting Convention** международная конвенция по вещанию

IB-CFA injected-beam crossed-field amplifier усилитель М-типа с инжектированным электронным потоком

IBCN 1. integrated broadband communication network интегральная широкополосная сеть связи **2. integrated building communication network** интегрированная распределительная сеть связи

IBG interblock gap зазор между двумя блоками на носителе

IBN 1. in-band noise внутриполосный шум **2. integrated branch node** объединенный коммутационный узел **2. integrated business network** интегральная бизнес-сеть

IBO input backoff потери входной мощности (*в канале связи*)

IBOC in-band-on-channel полос на канал

IBOW in-band orderwire входной служебный канал

IBS 1. Institute for Basic Standard Институт основных эталонов **2. Intelsat business services** бизнес-службы системы спутниковой связи [ССС] «Интелсат»

IBTN integrated broadband telecommunication network интегральная широкополосная сеть дальней связи

IBTO International Broadcasting and Television Organization Международная организация радовещания и телевидения, МОРТ

IBU International Broadcasting Unit Международный союз радиовещания

IC 1. image converter преобразователь изображения **2. inductive coupling** индуктивная [электромагнитная] связь **3. input circuit** 1. входная линия 2. входная цепь, входной контур **4. integrated circuit** интегральная схема

5. intelligible crosstalk внятный переходный разговор **6. interexchange carrier** 1. телекоммуникационная компания, предоставляющая межзонные услуги междугородней связи 2. телекоммуникационная компания, предоставляющая услуги связи в пределах зоны междугородней связи **7. international cooling** охлаждение оборудования (*связи*) в соответствии с международными нормами

ICAN Intercontroller Area Network высокоскоростная сеть передачи данных

ICD 1. installable client driver инсталлируемый клиентский драйвер **2. international code designator** указатель международного кода

ICI 1. incoming call identification *тлф* определение номеров входящих звонков **2. International Commission on Illumination** Международная комиссия по освещению

ICIG integral coherent infrared generator интегральный лазер ИК-диапазона

ICIP International Conference on Information processing Международная конференция по обработке информации

ICL incoming line *тлф* входящая линия

ICLID individual calling line identification *тлф* определение номеров входящих звонков

ICMP Internet Control Message Protocol межсетевой протокол контрольных сообщений

ICNI integrated communication-navigation (system) комплексная система связи навигации и распознавания

ICO 1. intermediate circular orbit промежуточная круговая орбита **2. International Commission of Optics** Международная комиссия по оптике

ICP integrated-circuit package 1. интегральный модуль 2. корпус интегральной схемы, корпус ИС

ICS 1. Integrated Commerce Services универсальная торговая служба **2. Integrated Communication System** интегрированная система связи

ICSP Internet Control System Protocol протокол управления Интернет-сетью

ICSS intracommunication switching system система коммутации внутриузловых каналов связи

ICTS intercity telecommunication system система междугородней связи

ICU interface control unit интерфейсный блок ввода (данных)

ICW interrupted continuous wave прерывистые незатухающие волны

ICWTD Independent Commission for Worldwide Telecommunication Development Независимая комиссия по всемирному развитию электросвязи

ICX intelligent circuit exchange (system) интеллектуальная система (*связи*) с коммутатором каналов

ID 1. identification идентификация **2. identifier** идентификатор **3. indicating device** устройство индикации **4. inductance** 1. индуктивность 2. индуктивное сопротивление **5. input detector** *тлф* обнаружитель вызова **6. iris diaphragm** ирисовая диафрагма

IDA integrated digital access интегрированный цифровой доступ

ID/A increment/decrement address инкремент/декремент адреса

IDBN integral digital backbone network интегральная цифровая магистральная сеть связи

IDCT inverse discrete cosine transform обратное дискретное косинусное преобразование

IDD image-and-display device 1. видеокамера 2. электронно-оптический преобразователь, ЭОП

IDDD international direct-distance dialing прямой международный вызов

IDE integrated drive electronics интерфейсная шина накопителей (данных)

IDEE integrated data entry (and access) equipment *полигр.* интегрированное оборудование для ввода и считывания данных

IDF intermediate-distribution frame *тлф* промежуточный статив

IDFT inverse discrete Fourier transform дискретное обратное преобразование Фурье

IDG integrated-drive generator генератор со встроенным приводом

IDI intermediate digital interface промежуточный цифровой стык

IDL interface-description language язык описания интерфейса

IDLC integrated digital loop carrier интегрированная цифровая линия передачи данных

IDN integrated-digital network интегрированная цифровая сеть, ИЦС

IDNX integrated digital network exchange станция интегральной цифровой связи

IDP 1. integrated data processing интегрированная обработка данных **2. Internet-data packet** пакет Интернет-данных

IDR intermediate data rate средняя скорость передачи данных

IDRP interdomain routing protocol протокол междоменной маршрутизации

IDS 1. information display system система визуального отображения информации **2. insertion-data signal** сигнал вставки данных **3. integrated data system** интегрированная система (обработки) данных

IDT 1. interactive distribution and transmission интерактивное распределение и передача **2. interdigital [interdigitated] transducer** встречно-штыревой преобразователь **3. international diplomatic telecommunication** международная система дипломатической связи **4. interrupt descriptor table** таблица дескрипторов прерываний

IDTN integral digital transport network интегральная цифровая сеть связи

IDTV 1. improved digital television телевидение повышенной четкости **2. integrated digital television** интегрированное цифровое телевидение

IEC 1. interexchange carrier 1. телекоммуникационная компания, предоставляющая межзонные услуги междугородней связи 2. телекоммуникационная компания, предоставляющая услуги связи в пределах зоны междугородней связи **2. International Electrical Commission** Международная электротехническая комиссия, МЭК

IECU International Electric Communication Unit Международный союз электросвязи, МСЭ

IEEE Institute of Electrical and Electronic Engineers 1. Институт инженеров по электротехнике и электронике (*США*) 2. Институт инженеров по электронике и электротехнике, ИИЭР (*Великобритания*)

IEMCAS intrasystem electromagnetic compatibility analysis system анализ внутрисистемной электромагнитной совместимости

IES information-exchange system система информационного обмена

IESS Intelsat Earth Station Standard стандарт земной станции системы спутниковой связи [ССС] Интелсат

IF intermediate frequency промежуточная частота, ПЧ

IFAC International Federation of Automatic Control Международная федерация по автоматическому управлению

ний **3. Internal Message Protocol** протокол обмена служебными сообщениями

imp impedance импеданс, полное сопротивление

IMPAC integrated-message processing-and-communications (system) интегральная система обработки сообщений и передачи информации, ИМПАК

IMPAT integrated multiplex, patch and test (system) интегральная система каналообразования, коммутации и испытаний, ИМПАТ

IMPATT impact-avalanche-and-transit-time (diode) лавинно-пролетный диод, ЛПД

IMP GEN impulse generator импульсный генератор

IMS information management system информационная управляющая система

IMSI International Mobile Subscriber Identity международный идентификационный номер оборудования подвижного абонента

IMT intelligent microfilm terminal *полигр.* интеллектуальный терминал для вывода микрофильмов

IMTS improved mobile telephone system усовершенствованная система подвижной телефонной связи

IN intellectual network интеллектуальная сеть связи

in 1. inch дюйм **2. input** 1. ввод 2. вход

INA 1. information not available нет данных; нет сведений **2. integrated-network architecture** интегрированная сетевая архитектура

INCH integral chopper интегральный прерыватель

incr 1. increase возрастание **2. increment** инкремент, приращение

ind 1. index показатель, коэффициент **2. inductance** 1. индуктивность 2. индуктивное сопротивление

inf(o) information 1. информация 2. данные

INFOSEC information system security безопасность информационных систем

Infoterra Terrain Information Международная справочно-информационная система по защите окружающей среды

inh inhibit input signal запрещающий входной сигнал

INM Internet network management администрирование в сети Интернет

INMARSAT international maritime satellite (organization) Международная организация морской спутниковой связи, ИНМАРСАТ

INMC information network management center (международный) центр управления сетями связи

inop inoperative неработающий

INR interference-to-noise ratio отношение помеха – шум

INS information network system сетевая информационная система

inst instrument 1. измерительный прибор, инструмент 2. терминал (*сети передачи данных со множественным доступом*)

int 1. initial начальный, исходный **2. integral** 1. интеграл || интегральный 2. встроенный **3. integration** интеграция **4. interrogation** 1. опрос 2. запрос **5. interval** интервал, промежуток

INTELSAT International Telecommunication Satellite (Consortium) Консорциум международной спутниковой связи, ИНТЕЛСАТ

INTPT interrupt 1. прерывание 2. сигнал прерывания

INV inverter инвертор

INWATS inward wide-area telephone service служба телефонной междугородней связи с вызовом из специальных зон, осуществляемым бесплатно для вызывающих абонентов

inx index 1. индекс; показатель 2. указатель

I/O input/output ввод-вывод

IOB input/output block блок ввода/вывода

IOC 1. input/output channel канал ввода-вывода **2. input/output controller** контроллер ввода-вывода **3. integrated optical circuit** 1. оптическая интегральная схема, оптическая ИС 2. интегрированная линия оптической связи

IOCS input/output control system система управления вводом-выводом

IOD 1. input/output device устройство ввода-вывода **2. input/output driver** программа ввода/вывода

IOIF intraoffice interface внутристанционный стык

IOL interorbit link межорбитальная линия связи

IOMSC International Organization of Marine Satellite Communication Международная организация морской спутниковой связи, МОМСС

IONCAP Ionospheric Communication Analyses and Prediction Program программа анализа ионосферной связи и предсказания ее результатов

IOR input/output register регистр ввода-вывода

IOS 1. integrated office system интегральная учрежденческая система **2. International Organization of Standardization** Международная организация по стандартизации, МОС

IOT 1. induction-output tube лампа с выводом энергии за счет индуктивной связи с электронным пучком **2. intraoffice trunks** внутристанционные соединительные линии

IP 1. information provider информационный провайдер **2. intelligent peripheral** интеллектуальное периферийное устройство **3. Internet Protocol** Интернет-протокол, межсетевой протокол

IPA intermediate-power amplifier промежуточный усилитель мощности

IPBX ISDN private-base exchange of integrated-service digital network учрежденческая АТС цифровой сети с интегрированным обслуживанием, УАТС ЦСИО

IPC 1. information processing center центр обработки информации **2. interprocessor communication** межпроцессорная связь

IPE information processing equipment оборудование обработки информации

IPEI international portable equipment identity международный код-идентификатор портативной станции

IPG Internet-packet gateway станция межсетевого сопряжения с пакетной коммутацией

IPI intelligent peripheral interface интеллектуальный периферийный интерфейс

IPL information processing language язык обработки информации

IPM 1. impulse-per-minute импульсов в минуту **2. incidental phase modulation** паразитная фазовая модуляция **3. incremental phase modulation** дифференциальная фазовая модуляция **4. interference prediction model** модель предсказания взаимных помех **5. internal polarization modulation** модуляция по внутренней поляризации

ipm interruptions-per-minute прерываний в минуту

IPng Internet Protocol Next Generation Интернет-протокол последнего поколения

IPPV impulse-pay-per-view оперативная оплата просмотра программ

IPS 1. information processing system система обработки информации **2. Internet Protocol suite** набор Интернет-протоколов

IPSS International Packet Switch Service Международная служба пакетной коммутации

IPUI International portable user identity

IPvn Internet-Protocol version n Интернет-протокол версии «n»

IPX Internet-Packet Exchange Интернет-обмен пакетами данных

IR 1. index register регистр индекса **2. individual reception** прием на индивидуальную антенну **3. information retrieval** 1. информационный поиск 2. выборка информации **4. infrared** инфракрасный (*об области спектра*) **5. internal resistance** внутреннее сопротивление **6. interrogator responder** запросчик

ir infrared инфракрасный (*об области спектра*)

IRA Institute of Radio Astronomy Институт радиоастрономии (*Италия*)

IRAC Interdepartment Radio Advisory Committee Межведомственный комитет по вопросам радиосвязи

IRAM Institute of Radio Astronomy in Millimeter Институт радиоастрономии миллиметровых волн (*Испания*)

iraser infrared laser иразер, лазер ИК-диапазона

IRC 1. Information Resource Commission комиссия по информационным ресурсам **2. Interagency Radio Committee** межведомственный радиокомитет **3. International Record Carrier** 1. носитель данных международной службы (неголосовой) связи 2. международная линия передачи документальной информации

IRCC International Radio Consultative Committee Международный консультативный комитет по радиовещанию, МККР

IRCCD infrared charge-coupled device преобразователь излучения на приборе с зарядовой связью, преобразователь излучения на ПЗС

IRCR International Radio Communication Regulations Международный регламент радиосвязи, МРР

IRE Institute of Radio Engineers институт радиоинженеров, ИРИ

IRED infrared emitting diode инфракрасный светоизлучающий диод, ИК-СИД

IRG interrecord gap 1. промежуток между записями 2. межзонный промежуток (*на магнитной ленте*)

IRIS infrared interferometer spectrometer фурье-спектрометр ИК-диапазона

IRL interrepeater link межретрансляторная линия связи (*об Ethernet-сети*)

IRN intermediate routing node промежуточный узел маршрутизации

IRNTRCS international railway-network train-radio communication system система поездной радиосвязи международной сети железных дорог

IRSP infrared spectrometer ИК-спектрометр

IRST infrared signal translator преобразователь ИК-сигналов

IRTO International Radio and Television Organization Международная организация радиовещания и телевидения

IRWR infrared warning receiver ИК-приемник системы оповещения

IS 1. information separator разделитель данных **2. internal shield** внутренний экран **3. international standard** международный стандарт **4. ionization spectroscopy** ионизационная спектроскопия **5. ionospheric scatter** ионосферное рассеяние

ISA 1. industry standard of architecture 8-разрядная компьютерная ISA-шина со скоростью передачи данных до 8 Мбайт/с **2. Instrument Society of America** Американское общество измерительных приборов

ISAM indexed-sequential access method индексно-последовательный метод доступа

ISAN integrated-services academic network академическая сеть интегрального обслуживания

ISAPI Internet Server Application Programming Interface интерфейс прикладного программирования Интернет-сервера

ISB independent-sideband (transmission) система передачи с независимой боковой полосой

ISBN International Standard Book Number международный стандартный номер книги

ISC 1. International Signals Code международный сигнальный код, МСС **2. International Switching Center** международный центр коммутации **3. intersystem communication** межсетевая связь

ISCAN inertialess steerable communication (antenna) связная антенна с безынерционной управляемой диаграммой направленности

ISCRI International Special Committee on Radio Interference Международный специальный комитет по радиопомехам

ISCTC Interservice Component Technical Committee Межведомственный технический комитет по радиокомпонентам

ISD international subscriber dialing автоматическое установление международного соединения

ISDN integrated-service digital network цифровая сеть с интегрированным обслуживанием, ЦСИО

ISDX integrated-service digital exchange цифровая телефонная сеть интегрального обслуживания

ISI 1. intelligent standard interface интеллектуальный стандартный интерфейс **2. intersymbol interference** *тлг* межсимвольная интерференция

IS-ISREP Intermediate System-to-Intermediate System Routing Exchange Protocol протокол маршрутизации обмена между промежуточными сетями связи

ISL intersatellite link межспутниковая линия связи

ISLN integrated-services local network локальная сеть с интегрированными услугами

ISLU integrated-services line unit линейное оборудование сетей интегрального обслуживания

ISM 1. image-suppression mixer смеситель с подавлением зеркального канала **2. interface switching module** модуль коммутации интерфейса

ISN integrated-system network сеть информационной системы

ISO International Standardization Organization, International Organization of Standardization Международная организация по стандартизации, МОС

ISONET International Standardization Organization Network сеть организаций по стандартизации

I(S)P 1. image synthesis processor процессор синтеза изображений **2. Internet(-service) provider** Интернет-провайдер

ISPBX integrated-services PBX учрежденческая АТС с интегрированными услугами

ISR information storage and retrieval хранение и поиск информации

ISS integrated support station пункт комплексного технического обеспечения

ISSLS International Symposium on Subscriber Loops and Services Международный симпозиум по абонентским линиям и службам связи

ISUP ISDN user part абонентская подсистема сигнализации для цифровой сети с интегрированным обслуживанием, абонентская система для ЦСИО

IT interline transfer *тлв* строчный перенос

ITA 1. Independent Television Authority организация коммерческого ТВ-вещания **2. International Telegraph Alphabet** телеграфный алфавит

ITA-2 International Telegraph Alphabet number 2 Международный телеграфный алфавит №2

ITA-5 International Telegraph Alphabet number 5 Международный телеграфный алфавит №5

ITC 1. Independent Television Commission независимая комиссия по телевидению **2. International Telegraph Convention** международная телеграфная конвенция **3. International Teletraffic Congress** Международный конгресс по информационному обмену

ITCC 1. International Telegraphic Consultative Committee Code код международного консультативного комитета по телефонии и телеграфии, код МККТТ **2. interterminal communication channel** межстанционный канал связи

ITDM Intelligent Time-Division Multiplexer мультиплексор с временным разделением доступа

ITE Institute of Telecommunication Engineers институт инженеров электросвязи

ITFS instructional-television fixed service фиксированная служба учебного телевидения

ITIC Internal Tsunami Information Center информационный центр по цунами

ITN Independent Television News вещательная ТВ-компания Ай-Ти-Эн (*Великобритания*)

ITOS improved-television (and infrared) observation satellite усовершенствованный спутник для ТВ-наблюдения в ИК-лучах

ITP international television program международная ТВ-программа

ITR 1. instant-timer recording функция включения/останова записи видеофонограммы по командам таймера **2. integrated-thyristor rectifier** интегрированный тиристорный выпрямитель

ITS 1. insertion test signal сигнал испытательной строки **2. Institute of Telecommunication Sciences** НИИ связи (*США*) **3. International Telecommunication Service** международная служба дальней связи

ITSC international telephone service center международный центр по обслуживанию телефонных сетей

ITSO International Telecommunication Satellite Organization международная организация спутниковой связи

ITU International Telecommunication Unit Международный союз электросвязи, МСЭ

ITU-D ITU-development сектор развития (электросвязи) МСЭ

ITU-R ITU-radiocommunication сектор радиосвязи МСЭ

ITU-T ITU-telecommunication сектор электросвязи МСЭ

ITU-TS ITU-Telecommunication Standardization сектор стандартизации электросвязи МСЭ

IU instrumental unit приборный отсек

IV 1. interface vector интерфейсный вектор **2.** вольт-амперная характеристика, ВАХ

IVA integrated-voice application интегрированное голосовое Интернет-приложение

IVD 1. integrated-voice-and-data совместная передача речи и данных **2. interactive videodisk** интерактивный видеодиск

IVDLAN integrated voice/data local area network интегрированная локальная вычислительная сеть с поддержкой передачи речи и данных

IVDT integrated voice-and-data terminal абонентское устройство для совместной передачи речи и данных

IVR 1. integrated-voltage regulator встроенный регулятор напряжения **2. interactive voice response** интерактивный голосовой ответ

IWF interworking function функция межсетевого обмена

IWU interworking unit блок межсетевого обмена

IX interexchange междугородная телефонная сеть

IXC interexchange carrier 1. телекоммуникационная компания, предоставляющая межзонные услуги междугородной связи 2. телекоммуникационная компания, предоставляющая услуги связи в пределах зоны междугородной связи

J

J 1. jack 1. гнездо; розетка 2. контактная колодка **2. joint** 1. соединение, стык 2. муфта **3. junction** (p – n) переход

JANET joint academic network объединенная академическая сеть

JCL job-control language язык управления заданиями

JDC 1. Japanese Digital Cellular Японский стандарт аналоговой сотовой связи **2. Japanese Digital Communications** Японские телекоммуникационные стандарты

JEC Joint Engineering Committee объединенный технический комитет

JEDEC Joint Electron Devices Engineering Council объединенный совет по разработке электронного оборудования

JEIDA Japan Electronic Industry Development Association Японская ассоциация по развитию электронной промышленности

JES job-entry system система ввода заданий

JI Josephson interferometer сверхпроводящий квантовый интерферометрический датчик, СКВИД

JIT just-in time compiler единовременный компилятор

JMTSS joint multichannel trunking and switching system объединенная система многоканальной передачи речи и информации

JNT joint-network team объединенная группа по обслуживанию сетей

JPEG Joint Photographic Expert Group 1. совместная группа экспертов по машинной обработке изображений 2. стандарт сжатия изображения

JRDVM jam-resistant digital voice modem помехозащищенный цифровой модем для телефонной связи

JRSVC jam-resistant secure voice communication помехозащищенная засекреченная телефонная связь

JSC Joint Spectrum Center объединенный центр по совместному использованию спектра частот (*связи*)

JSR jamming-to-signal ratio отношение мощности преднамеренной помехи к сигналу

JTIDS Joint Tactical Information Distribution System интегрированная тактическая система конфиденциальной связи, навигации и идентификации (*США*)

JTRB Joint Telecommunications Resources Board Совет по совместному использованию телекоммуникационных ресурсов

JTSSG Joint Telecommunications Standards Steering Group объединенная группа управления стандартизацией электросвязи

JVM Java virtual machine виртуальная машина «Ява»

K

K 1. kelvin кельвин, К **2. key** 1. ключ; переключатель 2. кнопка; клавиша 3. телеграфный ключ, манипулятор 4. *вчт* код, шифр 5. ключевой сигнал **3. kilo** кило-, 10^3 **4. klystron** клистрон

kA kiloampere килоампер, кА

KAU key-station adapter unit блок сопряжения ведущей станции (*связи*)

KB 1. keyboard кнопочный пульт, клавиатура **2. kilobyte** килобайт, кбайт **3. knowledge base** база

kb kilobit килобит, кбит

kb(p)s kilobit-per-second килобит в секунду, кбит/с

KCS, kcs kilocycle-per-second килогерц, кГц

KDC key distribution center *крипт.* центр распределения ключей

KDR keyboard data recorder *тлг* клавишный регистратор

KDT keyboard-display terminal клавишный дисплейный терминал

KF Kalman filter фильтр Калмана

kg kilogram килограмм, кг

kHz kilohertz килогерц, кГц

KISS keep it simple, stupid «делай проще, примитивнее» (*принцип разработки, запрещающий использование средств более сложных, чем это необходимо*)

kJ kilojoule килоджоуль, кДж

KLA klystrone amplifier клистронный усилитель

KLG klystrone generator клистронный генератор

KLT Karhunen-Loeve transform преобразование Карунена-Лоэва

km kilometer километр, км

kops kilooperations-per-second тысяч операций в секунду

KOSMA Köln Observatory for Submillimeter Astronomy Кельнская астрономическая обсерватория субмиллиметровых волн

kph keystrokes-per-hour количество ударов по клавишам в час

KSAM keyed-sequential access method ключевой последовательный метод доступа

KSR keyboard send/receive телетайп

KSU key service unit блок служебной связи с коммутаторами

KTR keyboard typing reperforator клавишный реперфоратор с печатающим устройством

KTS key telephone system цифровая телефонная сеть

KTU key-telephone unit кнопочный телефонный аппарат, кнопочный ТФА

kV kilovolt киловольт, кВ

kVa kilovolt-ampere киловольт-ампер, кВа

KWIC keywords-in-context предметный указатель

kΩ kilohm килоом, кОм

L

L 1. lambert ламберт, Лб **2. lamp** 1. лампа 2. индикатор **3. law** закон, правило, принцип **4. left** левый (*стереоканал*) **5. level** уровень, степень **6. line** линия, шина **7. load** нагрузка **8. longitudinal** продольный (*о кодировании*) **9.** условное обозначение индуктивности

LA 1. lightning arrester молниезащитный разрядник, молниеотвод **2. load address** загрузка адреса

L/A lightning arrester молниезащитный разрядник, молниеотвод

LADT local-area data transport передача данных в пределах зоны (*Ethernet*)

LAGEOS laser geodynamic satellite геодинамический спутник с лазерной аппаратурой

LAI location area identification *тлф* определение номера в пределах зоны

LAM 1. line-access module модуль обеспечения доступа к телефонным линиям **2. longitudinal acoustic mode** продольная акустическая мода

LAMA local automatic message accounting оценка плотности загрузки линии

LAN local-area network локальная вычислительная сеть, ЛВС

LANC local-area network channel канал локальной сети

LANCE local-area network controller for Ethernet контроллер для локальных сетей типа Ethernet

LANCI local-area network channel interface интерфейс канала локальной сети

LAP 1. link-access protocol протокол доступа к каналу связи **2. link-address procedure** процедура передачи данных

LAP-B link-access procedure-B процедура передачи данных по В-каналу (*в соответствии с рекомендациями X.25 Международного консультативного комитета по телефонии и телеграфии*)

LAP-D link-access procedure-D процедура передачи данных по D-каналу (*о цифровой сети с интегрированным обслуживанием*)

LAP-M link-access procedure modem процедура модемной связи

LARAM line addressable RAM запоминающее устройство с произвольной выборкой и построчной [линейной] адресацией

LASCR laser-activated silicon controlled rectifier кремниевый тиристор, включаемый лазерным излучением

laser light amplification by stimulated emission of radiation лазер, оптический квантовый генератор

LASS 1. light-activated silicon switch фототиристор **2. local-area signaling service** служба сигнализации в локальной сети

LATA 1. local-access and toll area зона междугородней связи с локальным доступом **2. local-access and transport area** локальная зона доступа и передачи данных **3. local-area terminal access** локальный доступ к терминалу

LAVA linear amplifier for various applications универсальный линейный усилитель

LB 1. letter box формат ТВ-экрана типа «почтовый ящик» (4:3) **2. line buffer** буфер линии (*связи*) **3.** *тлф* **local battery** местная батарея, МБ

LBI line blanking interval *тлф* строчный интервал гашения

LBN 1. line build-out network повторитель кабельной сети передачи, компенсирующий искажения кабельного участка **2. local backbone network** локальная сеть с опорными линиями связи

LBR laser-beam recorder лазерное записывающее устройство

LC 1. level control контроль за уровнем **2. line connector** линейный соединитель **3. line of communication** линия связи **4. liquid-crystal** жидкокристаллический, ЖК **5. lower case** нижний регистр (*клавиатуры*)

LCB 1. line-control block блок управления каналом **2. lower sideband** верхняя боковая модуляция

LCD liquid-crystal display жидкокристаллический дисплей, ЖК-дисплей

LCF link-connectivity factor показатель связности линий (*в сети*)

LCFSPR last-come first-served preemptive resume дисциплина обслуживания в обратном порядке с прерыванием и дообслуживанием прерванной заявки

lcl local локальный, местный (*напр. об АТС*)

LCM local-cancellation message сообщение об отмене данных о местоположении (*абонента*)

LCN 1. local control network локальная сеть управления **2. logical channel number** номер логического канала

LCP link-control procedure процедура управления соединением

LCR least-cost routing маршрутизация по критерию наименьшей стоимости

LCS large capacity store запоминающее устройство большой емкости, ЗУ большой емкости

LCU 1. line-controller unit блок контроллера линии передачи **2. local control unit** компьютер

LD 1. laser diode лазерный диод **2. laser disk** компакт-диск

ld 1. lead 1. опережение 2. ввод; вывод 3. соединительные провода, «концы» **2. load** нагрузка

LDC long-distance control дистанционное управление, ДУ; телеуправление

LDDCDS long-distance direct current dialing system междугородняя система автоматической телефонной связи с сигнализацией постоянным током

LDDI local distributed-data interface локальный распределенный интерфейс

LDE long-distance echo дальнее радиоэхо (*с задержкой от 2 до 30 с*)

LDF low-density foam кабель с пенистым заполнением низкой плотности

LDM 1. limited distance modem модем для ближней связи **2. linear delta-modulation** линейная дельта-модуляция

LDN local-distributed network распределенная локальная сеть

LDR light-dependent resistor фоторезистор

LEC local exchange carrier местная телекоммуникационная компания

LED light-emitting diode светоизлучающий диод, СИД

LEDA light-emitting diode array светодиодная матрица

LEF light-emitting film светоизлучающая пленка

LEMP lightning electromagnetic pulse электромагнитные импульсы от грозовых разрядов, ЭМИ от грозовых разрядов

LEO low-earth orbit низкая (спутниковая) орбита

lexer lexical analyzer лексический анализатор

LF 1. line-feed (character) символ перевода строки **2. load factor** коэффициент нагрузки **3. low frequency** низкая частота, НЧ

lf load factor коэффициент нагрузки

LFB look-ahead-for-busy резервирование линий (*для пропуска приоритетных вызовов*)

LFM linear frequency modulation линейно-частотная модуляция, ЛЧМ

LFU 1. least frequency used наименьшая используемая частота **2. least frequently used (algorithm)** алгоритм удаления редко используемых элементов

LFW low-frequency window низкочастотное окно

LGM loop-group multiplexer аппарат уплотнения абонентских каналов

lh left hand левая сторона || левосторонний (*о поляризации*)

LHC left-hand circular (polarization) левая круговая поляризация

LHCN long-haul communication network сеть дальней связи

LHPW left-handed polarized wave волна с круговой левой поляризацией

LI level indicator указатель уровня (*записи*)

LIB line-interface base коммуникационный контроллер, допускающий подключение до 16 линий

LIC 1. large integrated circuit большая интегральная схема, БИС **2. linear integrated circuit** линейная БИС; аналоговая интегральная схема, интегральная ИС

LIDAR light detecting and ranging лидар

LIFO last-in, first-out дисциплина обслуживания «последний на входе – первый на выходе»

LIM line-interface module линейный интерфейсный модуль

LIOCS logical input/output control system логическая система управления вводом-выводом

LION local integrated optical network локальная интегральная сеть оптической связи

LIP Large Internet Packet большой пакет Интернет-данных

LIR load-indicating relay реле индикации нагрузки

LL 1. line link участок линии связи **2. live load** временная нагрузка **3. load line** нагрузочная линия

LLC logical link control (sublayer) подуровень управления установлением логического соединения

LLSAP link-layer service access point пункт служебного доступа на уровень установления соединения

lm lumen люмен, лм

l/m lines-per-minutes строк в минуту

lm-hr люмен-час, лм•ч

LMI 1. link-management interface интерфейс управления установлением соединения (*с Интернет*) **2. local management interface** локальный интерфейс управления

LMR land-mobile radio наземная подвижная система радиосвязи

LMS library management system система автоматического вещания

LMSA large millimeter and submillimeter array большая милли-субмиллиметровая антенная решетка (*радиотелескопа*)

lm-sec люмен-секунда, лм•с

LMSS Land Mobile Satellite System наземная мобильная система спутниковой связи

lm/w люмен на ватт, лм/Вт

LNA 1. launch numerical aperture исходная числовая апертура (*оптической системы*) **2. logarithmic narrow(-band) amplifier** логарифмический узкополосный усилитель **3. low-noise amplifier** малошумящий усилитель

LNB low-noise block малошумящий блок (*напр. о преобразователе с понижением частоты*)

LNC low-noise converter малошумящий конвертор

LNM 1. local(-area) network management управление локальной вычислительной сетью, управление ЛВС **2. low-noise mixer** малошумящий смеситель

LNR 1. last number redialing автодозвон по номеру, набранному последним **2. luminance noise reduction** *тлв* шумопонижение в канале яркости

LO 1. line occupancy *тлф* коэффициент занятия линии **2. local oscillator** гетеродин

LOC 1. large optical cavity большой оптический резонатор **2. line of communication** линия связи

LOF 1. lowest observed frequency наименьшая наблюдаемая частота **2. lowest operating frequency** нижняя частота диапазона

logafier, logamp logarithmic логарифмический усилитель

LOL loss-of-lock потеря синхронизации

LONS local on-line network system система локальных сетей, работающих в реальном времени

LOR laser optical reflection отражение лазерного луча (*в механизме CD-проигрывателя*)

LORO lobe-on-receive-only лепесток приемной диаграммы направленности антенны

LOS 1. line-of-sight зона прямой видимости **2. loss of signal** потеря сигнала

LP 1. leadless package безвыводной корпус **2. linearly-polarized** линейно поляризованный (*о моде*) **3. link protection** защита (радиотелефонной) линии от несанкционированного доступа **4. local processor** локальный процессор **5. log-periodic** логопериодический (*об антенне*) **6. long-playing** долгоиграющий (*о компакт-диске или виниловом диске*)

LP01 linearly polarized 01 базовая мода (*оптоволокна*)

LPA line power amplifier линейный усилитель мощности

LPC linear predictive coding линейное кодирование с предсказанием

LPDA log-periodic dipole array логопериодическая решетка из симметричных вибраторов

LPF low-pass filter фильтр низкой частоты, ФНЧ

lpi line-per-inch линий на дюйм

LPM linear pulse motor линейный шаговый двигатель

lpm line-per-minute линий в минуту

LPMA logo-periodic monopole array логопериодическая антенна из монопольных вибраторов

LPO lower-power output маломощный выход

LPT low(-order) path termination окончание маршрута низшего порядка

LQA link-quality analysis *тлф* анализ качества линии

LR 1. level recorder устройство регистрации уровня **2. line relay** *тлф* вызывное реле

L + R left-plus-right сумма каналов (*стереосистемы*)

L – R left-minus-right разность каналов (*стереосистемы*)

LRC longitudinal redundancy check контроль продольной избыточности

LRRP lowest required radiation power наименьшая требуемая мощность излучения

LRS load-representation simulator имитатор нагрузки

LS 1. light scattering световое рассеяние **2. limit switch** концевой [предельный] выключатель **3. loudspeaker** 1. громкоговоритель, *проф.* динамик 2. рупор

L-S lumen-second люмен-секунда, лм•с

LSB 1. least significant bit младший значащий бит **2. lower sideband** нижняя боковая полоса

LSD line signal detector *тлф* детектор сигнала линии

LSG lower-sideband generator генератор нижней боковой полосы

LSHI large-scale hybrid integration высокая степень интеграции

LSHIC large-scale hybrid integration circuit ИС с высокой степенью интеграции

LSI 1. large-scale integration высокая степень интеграции **2.** большая интегральная схема, БИС **3. line status indication** индикация состояния линии

LSIC large-scale integrated circuit большая интегральная схема, БИС

LSM 1. linear(-restricted) scattering matrix линейно ограниченная матрица рассеяния **2. low-speed modem** низкоскоростной модем

LSSU link-state signaling unit единица контроля состояния звена (системы связи)

LST 1. local summer time местное летнее время **2. loud-speaking telephone** громкоговорящий телефонный аппарат, громкоговорящий ТФА

LT 1. line termination оконечная станция линии связи **2. local tandem** узловая станция локальной сети (*связи*) **3. loop through** соединение (видеооборудования) по профессиональной схеме

LTC 1. Line Traffic Coordinator координатор трафика линии (*связи*) **2. longitudinal time code** продольный временной код

LTE 1. lightwave terminating equipment оконечная аппаратура волоконно-оптической линии связи, оконечная аппаратура ВОЛС **2. lightwave transmission equivalent** световой эквивалент передачи **3. line termination equipment** оконечная аппаратура линии (*передачи данных*) **4. line transmission equipment** линейное оборудование системы передачи

LTM 1. line-type modulation линейная модуляция **2. log transfer manager** администратор регистрации и рассылки изменений

ltr letter буква; символ; знак

LTRS letters shift установка регистра букв (*напр. о клавиатуре компьютера*)

LTT light triggered thyristor фототиристор

LTU 1. line-terminal unit линейный терминал, линейное оконечное устройство **2. line-test unit** блок контроля линии связи

L^{3}TV low-light level television ночное телевидение

LU logical unit логическое устройство, логическое звено

LUF lowest usable (high-)frequency минимальная рабочая частота ВЧ-диапазона

LUHF lowest useful high frequency наименьшая применяемая высокая частота (*диапазона* (*3 – 30 МГц*)

LULT line-unit-line termination линейное оборудование линейного окончания

LUN logical unit number номер логического устройства

LUNT line-unit-network termination линейное оборудование сетевого окончания

LUT local user terminal абонентский пункт локальной сети

LVDT 1. linear variable displacement transducer измерительный преобразователь линейных перемещений **2.**

linear velocity differential transducer линейный дифференциальный преобразователь скорости **3. linear velocity displacement transducer** линейный преобразователь скорости смещения **4. linear voltage differential transformer** линейный датчик на основе дифференциального трансформатора

LVEXP low-voltage electronic crosspoint низковольтный электронный коммутационный элемент

LVI low-voltage impulse импульс низкого напряжения

LVPS low-voltage power supply низковольтный источник питания

LVPT linear variable phase transformer линейный фазорегулятор

LVR 1. longitudinal video recording продольная видеозапись **2. low-voltage relay** реле низкого напряжения

LWIR long-wave infrared ближняя ИК-область спектра

LWR 1. laser warning receiver лазерный приемник системы оповещения **2. laser write-and-read (system)** лазерная система считывания-записи

LWT local winter time местное зимнее время

lx lux люкс, лк

LZW Lempel, Ziv & Welch (code) код Лемпела-Зива-Уелча

M

M 1. magnetic магнитный **2. medium** 1. среда 2. носитель информации **3. mega** мега-, 10^6 **4. modulus** модуль, коэффициент

m 1. magnetic магнитный **2. medium** 1. среда 2. носитель информации **3. meter** метр **4. milli** милли-, 10^{-3}

MA 1. mobile application прикладная часть системы подвижной связи **2. multiple access** 1. многостанционный доступ 2. коллективный доступ

MAC 1. medium-access control подуровень управления доступом к среде (*модели взаимодействия открытых систем*) **2. message-authentication code** код аутентификации сообщения **3. multiplexed-access channel** канал коллективного доступа **4. multiplexed analog component** система уплотнения аналоговых компонент (*системы ТВ-вещания*)

MACS metropolitan-area communication system *тлф* городская телефонная сеть

MADA multiple-access discrete address system дискретно-адресная система связи с многостанционным доступом

MAG 1. maximal available gain максимально достижимый коэффициент усиления **2. metropolitan area gateway** шлюзовая станция городской зоны (*связи*)

magamp magnetic amplifier магнитный усилитель

maglev magnetic levitation магнитная левитация

magtape magnetic tape магнитная лента

MAHO mobile-assisted hand-off технология автоматической передачи вызовов по сотам

maint maintenance техобслуживание

MAM media asset management управление цифровыми архивами

MAN metropolitan-area network (обще)городская телефонная сеть

M-and-E music-and-effects музыкальная фонограмма со спецэффектами

MAOMCS motion analysis optical motion capture systems оптическая система захвата движения с его анализом

MAP 1. Manufacturers Automation Protocol сетевой протокол с широкополосной передачей данных со скоростью 10 мбит/с **2. mobile allocation part** подсистема подвижной связи

MAPs multiple-access protocols протоколы множественного доступа

mar mercury-arc rectifier ртутный выпрямитель

MARISAT maritime satellite морская система спутниковой связи, МАРИСАТ

MARTI Machine Readable Telegraphic Input Money Transfer System система перевода денег с помощью телеграфных считывающих машин

MAS multimedia-access system система доступа к мультимедийным данным

mAs milliampere-second милликулон, мКл, миллиампер-секунда, мА•с

maser microwave amplification by the stimulated emission of radiation мазер, СВЧ-генератор

MAT mean-acquisition time среднее время вхождения в связь

MATEL multiplexed automatic telephone многоканальная автоматическая телефонная связь

MATV master-antenna television кабельное ТВ с коллективным приемом

MAU medium-attachment unit блок подключения (*к Ethernet*)

mavar modulating amplifier by variable reactance параметрический усилитель СВЧ-диапазона

MAVT mobile auto video terminal автомобильный видеотерминал

max maximum максимум || максимальный

MB 1. marker beacon маркерный радиомаяк **2. megabyte** мегабайт, 10^6 байт

Mb megabit мегабит, Мбит, 10^6 бит

MBA multiple-beam antenna многолучевая антенна

MBC meteor-burst communication метеорная связь

Mbone multicast backbone магистраль групповой передачи (*Интернет*)

Mbps megabit-per-second мегабит в секунду, 10^6 бит/с

MBWO microwave-backward oscillator СВЧ-генератор на лампе обратной волны, СВЧ-генератор на ЛОВ

MC 1. making capacity включающая способность **2. microcircuit** микросхема, ИС **3. multichannel** многоканальный (*о системе связи*)

Mc megacycle(-per-second) мегагерц, МГц

mc millicycle(-per-second) миллигерц, мГц

MCA multichannel analyzer 1. многоканальный амплитудный анализатор импульсов 2. анализатор спектра, спектроанализатор

MCAM multiple-communication adapter module модуль адаптера многоканальной связи

MCC 1. maintenance-control circuit оперативно-технологическая линия **2. mobile country code** код страны в системе подвижной связи

MCCB magnetic-contact circuit breaker магнитный выключатель

MCCS 1. mobile communication cellular system система сотовой подвижной связи, ССПС **2. movable communication control station** станция управления подвижной связью

MCCU multichannel control unit многоканальный контроллер

MCD multicommunication device интеграция цифрового радиотелефона, приемопередатчика, пейджера и радиомодема/Интернет-просмотрщика в радиотелефонной трубке

MCDI Multimedia Content Description Interface интерфейс с описанием мультимедийного содержания

MCF 1. message-communication function функция передачи сообщений **2. monolithic crystal filter** монолитный кварцевый фильтр

MCG master-clock generator задающий генератор

MCI man-computer interface интерфейс человек – машина

MCLK master clock первичный источник сигналов синхронизации

MCM 1. multicarrier modulation модуляция на нескольких несущих **2. multichip module** многокристальный модуль

MCN multipoint communication network многоузловая сеть связи

MCPA multicarrier power amplifier усилитель мощности мультинесущих

MCPC multiple channel-per-carrier несколько каналов на несущую

MCR master control room центральная аппаратная

MCS 1. maritime communication service морская служба спутниковой связи **2. master control station** главная станция управления

MCSA multichannel spectrum analyzer многоканальный спектроанализатор

MCU multipoint control unit многоадресный пульт управления

MCW modulated continuous wave модулированная непрерывная волна

MCXO microcomputer compensated crystal oscillator кварцевый генератор с микропроцессорной термокомпенсацией

MD 1. matching device устройство согласования **2. mini-disk** мини-диск

MDAC multiplying digital-to-analog converter перемножающий цифроаналоговый преобразователь, ПЦАП

MDATEC modified digital adaptive technique for efficient communication модифицированная дельта-модуляция с кодированием наклонов и передачей в тракт только первых импульсов всех пачек сигнала, модуляция М-дейтик

MDF main distributing frame *тлф* главный статив

MDI 1. manual data input ручной ввод данных **2. medium-dependent interface** форматно-зависимый интерфейс **3. Mobile Data Initiative** Инициатива мобильных данных (*промышленная группа*)

MDL minimum detectable level предел чувствительности

MDP message-directed processor процессор, управляемый сообщениями

MDPSK multidifferential phase-shift keying многопозиционная относительная фазовая манипуляция, многопозиционная относительная ФМн

MDR 1. medium data rate средняя скорость передачи данных **2. memory-data recorder** многоканальный регистратор данных

MDS 1. malfunction detection system система обнаружения неисправностей **2. microprocessor development system** система разработки микропроцессоров **3. minimum-detectable signal** минимально обнаруживаемый сигнал **4. minimum discernible signal** минимально различимый сигнал **5. multiple data-set system** комплекс аппаратуры передачи данных **6. multipoint distribution service** служба циркулярного распределения программ в диапазоне 2150 – 2162 Гц

MDTS medium diagnostic test system система диагностической проверки модема

MDX modular digital exchange модульная цифровая АТС

ME maintenance entity система техобслуживания (*системы GSM*)

MEAS measurement измерение

MeCCS meter-charge control system система контроля за оплатой услуг факсимильной связи

MEF maintenance-entity function функция техобслуживания (*системы GSM*)

meg megohm мегом, МОм

MEM mode-expansion method метод разложения по модам

mem memory память; запоминающее устройство, ЗУ

memistor memory resistor мемистор

MEMO multimedia environment for mobiles мультимедийная среда для мобильных терминалов

MEO medium[middle]-earth orbit средняя (спутниковая) орбита

MES mobile-earth station подвижная земная станция (*спутниковой связи*)

MESFET metal-semiconductor-field-effect transistor полевой транзистор структуры металл – полупроводник – полупроводник, полевой МПП-транзистор

MET multibutton electronic telephone электронный телефонный аппарат с кнопочным номеронабирателем

met metal металл

MF 1. matched filter согласованный фильтр **2. medium frequency** средняя частота, СЧ

mF millifarad миллифарада, мФ

MFB multifunctional block многофункциональный блок

MFD 1. maximal frequency deviation максимальная девиация частоты **2. mode-field diameter** диаметр волнового поля (*в оптоволокне*)

MFG master-frequency generator задающий генератор

MFKP multifrequency-key pulsing многочастотная манипуляция

MFLD message field поле сообщений

MFM modified-frequency modulation модифицированная частотная модуляция

MFMR multifrequency microwave radiometer многочастотный СВЧ-радиометр

MFN multifrequency network многочастотная сеть, МЧС

MFSK multilevel-frequency shift keying многоуровневая частотная манипуляция

MFU most frequency used максимальная используемая частота

MFWA magnetron forward-wave amplifier магнетронный усилитель бегущей волны

MG master group третичная группа каналов

mG milligauss миллигаусс, мГс

MGC master-gain control ручная регулировка усиления

MGDF master-group distribution frame коммутационный щит третичной группы каналов

mge message сообщение

mH millihenry миллигенри, мГн

MHS message handling service служба обработки (GSM-) сообщений

mHz megahertz мегагерц, МГц

MI 1. modulation index 1. индекс частотной модуляции 2. коэффициент амплитудной модуляции **2.** обозначение наземных подвижных станций связи

mi mile миля

MIB management-information base база управляющей информации

MIC 1. medium-interface connector соединитель для подключения терминала к шинному интерфейсу **2. microwave-integrated circuit** сверхвысокочастотная интегральная микросхема, СВЧ-ИМС **3. monolithic integrated circuit** интегральная микросхема, ИМС **4. mutual interface chat** чат, разговор (*в Интернете*)

mic microphone микрофон

MICC mobile-integrated communication in construction интегрированные мобильные коммуникации в строительстве

MICS 1. manufacturing and information control system информационная система управления производством **2. microprocessor intertie and communication system** система передачи данных с поддержкой их компьютерной обработки

MID 1. message identification идентификация сообщений **2. middle infrared** средняя ИК-область спектра

MIDI musical instruments digital interface цифровой интерфейс музыкальных инструментов

MIG 1. metal-in-gap магнитная головка с металлизированными рабочими гранями **2. multilevel interconnection generator** генератор топологии многоуровневых межсоединений

MILSTAR Military Strategic Tactical and Relay единая система связи Вооруженных сил США

MIME multipurpose Internet-mail extensions многоцелевые почтовые расширения Интернет

MIMO multiinput/multioutput (system) система со многими входами-выходами

MIN multipath interconnection network сеть с альтернативной маршрутизацией

MIP medium-interface point точка сопряжения терминала с линейным оборудованием по стандартам (*в системе связи*)

MIPS, mips million-instruction-per-second миллионов операций в секунду (*о быстродействии компьютера*)

MIS management-information system управляющая информационная система

MISF Microsoft-Internet Security Framework Майкрософт-технология безопасной передачи данных в сетях Интернет

MIST metal-insulator-semiconductor transistor транзистор структуры металл – диэлектрик – полупроводник, МДП-транзистор

MIT master-instruction tape эталонная магнитная лента

MLAN multichannel LAN многоканальная ЛВС

MLC 1. mainlobe clutter мешающие отражения, принимаемые по главному лепестку (*диаграммы направленности антенны*) **2. multilink controller** многоканальный контроллер

MLD maximum-likelihood detector детектор, работающий по критерию максимального правдоподобия

MLI multilayer insulation многослойная изоляция

MLOLP mean-loss-of-load probability средняя вероятность потери нагрузки

MLPCB multilayer printed-circuit board многослойная печатная плата

MLPP multilevel precedence and preemption схема приоритетного обслуживания вызовов *или* сообщений (*Министерства обороны США*)

MLPWB multilayer printed-wiring board многослойная печатная плата

MLS 1. medium-long shot среднекрупный план **2. multilayer structure** многослойная структура

MM mega-mega тера-, 10^{12}

mm millimeter миллиметр, мм

MMDS multichannel multipoint distribution system *тлв* многоканальная многопунктовая распределительная сеть

MMF multiplexer management function функция управления мультиплексором

mmf magnetomotive force магнитодвижущая сила, мдс

MMG multimaster group четвертичная группа каналов

MMI man-machine interface интерфейс человек – машина

MMIC monolithic microwave integrated circuit сверхвысокочастотная интегральная микросхема, СВЧ-ИМС

MML man-machine language язык общения человека с машиной

MMM mode-matching method метод согласования мод

MMSE minimum-mean-square error минимальная среднеквадратическая ошибка

MMVF multimedia video file формат многократной видеозаписи на DVD-диск (*по 5,6 Гб на сторону*)

MMW millimeter wave волна миллиметрового диапазона (10 – 1 мм)

MNC mobile network code код сети подвижной связи

MNCS multipoint network-control system система управления сетью с многоточечным соединением

MNI mobile network integration объединение сетей мобильной связи

MNOS metal-nitride-oxide-semiconductor структура металл – нитрид – оксид – полупроводник, МНОП-структура

MO 1. magneto-optical (disk) магнитооптический диск, МОД **2. master oscillator** задающий генератор

MOC magnetic-optic converter магнитооптический преобразователь

MO/CD-R magneto-optics compact disk recordable магнитооптический диск нестираемой записи

mod 1. model модель **2. module** модуль, блок, узел **3. modulus** 1. модуль, основание 2. показатель степени 3. коэффициент

mod/demod modulation/demodulation модуляция – демодуляция

MODEC modem and codec модек, модем и кодек в одном блоке, модек

modem modulator-demodulator модем

MOF maximum observed frequency максимальная наблюдаемая частота

MOL maximum output level максимальный рабочий уровень

MOMAP Motorola OMAP прикладная часть системы управления и обслуживания фирмы *Motorola*

MOMENT mobile media-and-entertainment (services) мобильные службы масс-медиа и электронных развлечений (*проект*)

MOMUSYS mobile services for high speed trains служба мобильной связи для высокоскоростных поездов

MOPS magneto-optical-photoconductive sandwich слоистая структура магнитооптическая среда – фотопроводящая среда

MOS 1. mean-opinion score ожидаемая средняя скорость передачи данных **2. metal-oxide-semiconductor** структура металл – оксид – полупроводник, МОП-структура **3. mobile office center** мобильный офисный центр

MOSFET metal-oxide semiconductor (field-effect) transistor полевой транзистор с МОП-структурой

MOSS Mossbauer spectroscopy мессбауэровская спектроскопия

MoU Memorandum of Understanding меморандум о взаимопонимании (*сущности совместных соглашений*)

MP 1. mandatory protection полномочная защита **2. mean power** средняя мощность **3. microprocessor** микропроцессор

mp microprocessor микропроцессор

MP@HL main profile at high level *тлв* совокупность параметров изображения, кодированного с использованием синтаксического поднабора, специфицируемого стандартом кодирования изображения MPEG-2

MP@ML main profile at main level *тлв* совокупность параметров изображения максимального разрешения, специфицируемая стандартом кодирования изображения MPEG-2

MPC 1. multimedia personal computer мультимедийный компьютер **2. multipurpose communication (system)** многоцелевая система связи

MPCB multilayer printed circuit board многослойная печатная плата, МПП

MPCC 1. Multimedia Personal Computer Council Совет по мультимедийным компьютерам **2. multiprotocol communication controller** многопротокольный связной контроллер

MPCP Micro Press Cluster Printing модульная система цифровой печати (*корпорации T/R System Inc.*)

MPEG moving pictures expert group экспертная группа по движущимся изображениям

MPGA mask programmable gate array антенная решетка с программируемой маской, АР с программируемой маской

MPL multischedule private line частная линия с тарифом, зависящим от дальности связи

MPP massively-parallel processing преимущественно параллельная обработка (*данных*)

MPR multiprotocol router многопротокольный маршрутизатор

MPS 1. message passing system система пропуска сообщений **2. multiprocessor system** многопроцессорная система

MPSK multilevel phase-shift keying многоуровневая фазовая манипуляция, многоуровневая ФМн

MPTN multiprotocol transmission network многопротокольная сеть передачи данных

MPU microprocessor unit микропроцессор

MPX, mpx 1. multiplex уплотнение каналов или сигналов; разделение каналов или сигналов **2. multiplexer** устройство уплотнения/разделения каналов или сигналов

MQI message-queue interface интерфейс очередей сообщений

MR 1. magnetic relay магнитное реле **2. magnetoresistor** магниторезистор **3. mask register** регистр маскирования **4. master relay** главное реле

MRAC meter-reading access circuit схема вывода показаний измерительного прибора

MRC mobile radio communication подвижная радиосвязь

MRT mean-recovery time среднее время восстановления

MS 1. main storage оперативное запоминающее устройство, ОЗУ **2. main(s) switch** сетевой выключатель **3. management system** центр управления сетью **4. master station** ведущая [главная] радиостанция (*радиорелейной линии связи*) **5. medium slot** средний план **6. mobile station** подвижная станция связи **7. monitor station** контрольная станция

ms 1. margins of safety запас прочности **2. millisecond** миллисекунда, мс, 10^{-3} с

MSA 1. mass-spectrometric analysis масс-спектрометрический анализ **2. microstrip antenna** микрополосковая антенна

MSAT mobile satellite (system) мобильная система спутниковой связи

MSB most significant bit старший значащий бит, наибольший значащий бит

MSC 1. microstrip coupler микрополосковый ответвитель **2. mobile switching center** центр коммутации (системы) подвижной связи, ЦКПС **3. most significant character** знак старшего (значащего) разряда

MS-DOS Microsoft Disk Operation System дисковая операционная система компании *Microsoft*

Msec megasecond мегасекунда, Мс

msec миллисекунда, мс

MSF matched spatial filter согласованный пространственный фильтр

msg message 1. сообщение (*последовательность знаков, упорядоченная для передачи информации*) 2. успешная попытка вызова, завершившаяся соединением с абонентом за короткое время 3. блок информации в специальном коде (ASCII), передаваемый от источника адресату

MSG/WTG message waiting ожидание сообщения

MSISDN mobile station ISDN number международный номер подвижной ISDN-станции

MSK minimum-shift keying манипуляция с минимальным фазовым сдвигом

MSLAN multiservice local area network многофункциональная локальная вычислительная сеть, многофункциональная ЛВС

MSM microwave switch matrix коммутационная матрица СВЧ-диапазона

MSME multiplexing-and-signaling management equipment аппаратура управления уплотнением каналов и сигнализацией

MSMV monostable multivibrator ждущий [моностабильный] мультивибратор

MSN 1. message-switched network сеть с коммутацией сообщений **2. multiple-subscriber number** *тлф* расширенный телефонный номер

MSNS multiple sub-Nyquist sampling кодирование с многократной субдискретизацией

MSOH multiplexer section overhead секционный заголовок мультиплексора

MSP multiplexer-section protection защита секции уплотнения

MSR multitrack-sound recorder многодорожечный (катушечный) магнитофон

MSS 1. message service system система обработки сообщений **2. mobile satellite service** мобильная служба спутниковой связи **3. multispectral scanner** 1. многоспектральное устройство сканирования 2. многоканальный сканирующий радиометр

MSSW magnetostatic surface wave магнитостатическая поверхностная волна

MST multiplexer section termination окончание участка уплотнения

MSTDM movable slot time-division multiplexing временное уплотнение каналов со скользящим окном

MSU mean signaling unit значащая сигнальная единица

MSVW magnetostatic volume wave магнитостатическая объемная волна

MSW magnetostatic wave магнитостатическая волна

MT 1. machine translation автоматический [машинный] перевод **2. magnetic tape** магнитная лента **3. measuring transformer** измерительный трансформатор **4. mobile terminal** мобильный терминал

MTA message-transfer agent агент [служба] передачи сообщений

MTBE mean-time between errors среднее время безошибочной работы

MTF modulation-transfer function 1. модуляционная передаточная функция (оптического прибора) 2. частотно-контрастная характеристика, ЧКХ (*ЭЛТ*)

MTI message transmission index показатель верности передачи сообщений

MTP message transmission part подсистема передачи сообщений

MTPI multiplexer timing physical interface физический интерфейс синхронизации мультиплексора

MT/PP mobile terminated point-to-point (messages) прямая межпунктовая передача сообщений в системе подвижной связи

MTS 1. message toll service междугородная служба передачи (сообщений) **2. message transfer system** система передачи сообщений **3. message transmission service** служба передачи сообщений **4. mobile telephone system** система подвижной телефонной связи

MTSO mobile telephone switching office подвижная коммутационная телефонная станция

MTTF mean time to failure средняя наработка на отказ, среднее время безотказной работы

MTTR mean time to repair 1. средняя наработка до ремонта 2. среднее время ремонта

MTU magnetic tape unit 1. лентопротяжный механизм, ЛПМ (*магнитофона*) 2. накопитель на магнитной ленте, НМЛ

MTWT multiplier traveling-wave tube фотолампа бегущей волны, фото-ЛБВ

MU measurement unit 1. единица измерения (*физической величины*) 2. измерительное устройство

MUF maximum used frequency максимальная используемая частота

MULT multiplier умножитель

musa multiple-unit steerable antenna многоэлементная антенна с позиционируемой диаграммой направленности

MUT mean up time среднее время исправного состояния

MUX 1. multiplex мультиплексирование **2. multiplexer** мультиплексор

MUXing multiplexing мультиплексирование

MV magavolt мегавольт, МВ

mV millivolt милливольт, мВ

MVS multiple virtual storage логическое ЗУ с множественным доступом

MW 1. megawatt мегаватт, МВт **2. microwave** сверхвысокочастотный, СВЧ

mW milliwatt милливатт, мВт

mw microwave сверхвысокочастотный, СВЧ

MWI message waiting indicator индикатор «сообщение»

MWIR mid-wave infrared средняя ИК-область спектра

Mx maxwell максвелл, Мкс

MXC multiplexer channel канал, поддерживающий одновременную работу нескольких устройств ввода-вывода

MXI multisystem extension interface (bus) дополнительная мультисистемная интерфейсная шина

MXP metallic crosspoint контактный коммутационный элемент

µ micro микро-, 10^{-6}

µΩ microohm микроом, мкОм

µs microsecond микросекунда, мкс

N

n 1. nano нано-, н, 10^{-9} **2. negative** отрицательная величина || отрицательный

NA numerical aperture числовая апертура (*оптоволоконной системы*)

N/A 1. not applicable не используется **2. not available** нет данных

NAB National Association of Broadcasting Национальная ассоциация ТВ-вещания (*США*)

NAC network access controller контроллер доступа к сети

NACSEM National Communications Security Emanation Memorandum меморандум по обеспечению скрытности работы электронных средств связи (*США*)

NACSIM National Communications Security Information Memorandum меморандум по обеспечению информационной безопасности связи (*США*)

NAK negative-acknowledgment (character) негативная квитанция, символ отрицательного квитирования

NAM 1. network-access machine механизм доступа к сети **2. number-assignment module** программируемое постоянное запоминающее устройство для хранения информации об абоненте, ППЗУ для хранения информации об абоненте

NAMPS Narrow-band Advanced Mobile-Phone Service узкополосная мобильная система обработки вызовов с разделением тонального диапазона на три речевых канала шириной по 10 кГц каждый

NAOJ National Astronomical Observatory of Japan Национальная астрономическая обсерватория Японии

NAP 1. network-access point точка входа в Интернет, Интернет-узел **2. network access provider** поставщик услуг сетевого доступа, провайдер сетевого доступа

NAPLPS North American Presentation Level Protocol Standard Североамериканский стандарт на протокол уровня представления (*в сети*)

NARTB National Association of Radio and Television Broadcasters Национальная ассоциация вещательных организаций (*США*)

NASA National Aeronautics and Space Administration Национальное управление по аэронавтике и космонавтике (*США*)

NASCOM NASA Communication (Network) Глобальная сеть связи НАСА

NATA North American Telecommunications Association Североамериканская телекоммуникационная ассоциация

NATCOM National Communication (Symposium) Национальный симпозиум по связи

NAVCOMMSYS naval communication system система связи Военно-морских сил (*США*)

NAVRADSTA naval radio station радиостанция Военно-морских сил (*США*)

NAVSTAR navigation satellite providing time and range глобальная спутниковая система радионавигации «Навстар»

Navtex navigation telex навигационный телекс (*автоматизированная служба передачи навигационной и метеорологической информации*)

NB 1. narrow-band узкополосный **2. necessary bandwidth** необходимая ширина полосы **3. no-bias** без смещения

NBC National Broadcasting Company Национальная радиовещательная компания, Эн-Би-Си (*США*)

NBDL narrow-band data line узкополосная линия передачи данных

NBFM narrow-band frequency modulation узкополосная частотная модуляция, УЧМ

NBPCS narrow-band PCS узкополосная двусторонняя пэйджинговая связь

NBRVF narrow-band radio voice frequency диапазон одноканальной радиосвязи (*шириной 3 кГц*)

NBS National Bureau of Standards Национальное бюро стандартов (*США*)

NBSV narrow-band secure voice узкополосная закрытая система речевой связи

NC 1. network congestion перегрузка сети **2. network connect(ion)** подключение к сети **3. network control** управление сетью **4. network controller** сетевой контроллер **5. no connection** отсутствие соединения **6. noise canceling** шумоподавление **7. normally closed** нормально замкнутый **8. numeric control** числовое управление

NCAS non-call associated signaling *тлф* сигнализация по разделенным каналам

nCBPS n-coded bit per symbol n кодированных битов на символ

NCC 1. National Computer Centre Национальный компьютерный центр *(Великобритания)* **2. National Coordinating Center for Telecommunication** Национальный координационный центр по телекоммуникациям (*США*) **3. network-control center** центр управления связью, ЦУС

NCF nodal connectivity factor показатель узловой связности

NCFSK noncoherent frequency-shift keying некогерентная частотная манипуляция

NCP 1. network-control point пункт управления сетью **2. network-control program** программа управления сетью **3. Network-Control Protocol** протокол управления сетью

NCS 1. National Communications station связная станция военно-морских сил (*США*) **2. National Communications System** Национальная сеть связи (*США*) **3. naval communication system** система связи военно-морских сил (*США*) **4. net-control station** узел управления сетью

NCSC National Communications Security Committee Национальный комитет безопасности связи (*США*)

NCTA National Cable Television Association Национальная ассоциация кабельного телевидения

NCTE network-channel terminating equipment каналообразующая аппаратура сети

ND 1. neighbor discovery protocol протокол обнаружения соседнего узла **2. neutral density filter** нейтральный [неизбирательный] фильтр **3. nondelay** без задержки **4. nondirectional** ненаправленный, всенаправленный *(об антенне)*

NDB nondirectional beacon ненаправленный [всенаправленный] радиомаяк

NDCS network-data control system сетевая система управления данными

NDD network-data driver сетевой передатчик данных

NDF nonlinear distortion factor коэффициент нелинейных искажений, КНИ

Nd: glass neodymium glass стекло, легированное неодимом

NDP numerical data processor арифметический процессор

NDRO nondestructive readout считывание данных без разрушения

NDT nondestructive testing 1. неразрушающий контроль 2. неразрушающие испытания

Nd: YAG neodymium-yttrium-aluminum garnet иттрий-алюминиевый гранат, легированный неодимом

NE network element сетевой элемент

NEBW noise-equivalent bandwidth эквивалентная ширина шумовой полосы

NEC National Electric Code Национальный электрический код (*США*)

NEF 1. network elements function функция элементов сети **2. noise-exposure forecast** прогноз воздействия шума

neg negative отрицательная величина || отрицательный

NEIL neon-indication lamp неоновая индикаторная лампа

NEMO not-emanating from main office внестудийная передача, внестудийная программа

NEMP nuclear electromagnetic pulse электромагнитное излучение от ядерного взрыва, ЭМИ от ядерного взрыва

NEP noise equivalent power эквивалентная мощность шума

NES noise equivalent signal эквивалентный шумовой сигнал

NESC National Electric Safety Code Национальный свод правил по безопасному устройству электроустановок (*США*)

NET 1. noise equivalent temperature эквивалентная шумовая температура **2. Normes Européennes de Télécommunications** свод европейских телекоммуникационных стандартов

net network 1. сеть 2. схема

NEXT near-end crosstalk *тлф* переходной разговор на ближнем [передающем] конце линии

NF 1. near field поле в ближней зоне **2. noise factor** коэффициент шума, шум-фактор **3. noise figure** коэффициент шума, шум-фактор

NFM narrow-band frequency modulation узкополосная частотная модуляция, УЧМ

NFP near-field pattern диаграмма направленности антенны в ближней зоне

NFS 1. network facsimile service сетевая служба факсимильной связи **2. network-file service** сетевая файловая служба **3. network file standard** стандартный протокол сетевых файлов

NGT noise-generator tube лампа, используемая как генератор шума

NHN nonhomogeneous network неоднородная сеть

NI noninductive безындуктивный

NIC 1. network information center сетевой информационный центр (*Интернет*) **2. network interface card** сетевая интерфейсная плата, сетевая интерфейсная карта

nicad nickel-cadmium никель-кадмиевый (*об аккумуляторе*)

NICAM near instantaneously companded audiomultiplex мультиплексированный звуковой сигнал с почти мгновенным компандированием

NICO nickel-cobalt никель-кобальтовый (*об аккумуляторе*)

NICS NATO integrated communication system интегрированная система связи стран НАТО

NID 1. network-information database сетевая информационная база данных **2. network interface device** сетевой интерфейс **3. network inward dialing** автоматический вход в сеть

NII National Information Infrastructure Национальная информационная инфраструктура (*США*)

NIM network-interface module сетевой интерфейсный модуль

NiMH nickel-metal-hydride никелевый металлогидридный (*об аккумуляторе*)

NIN national information network национальная информационная сеть

NIOD network inward/outward dialing автоматическое установление входящего / исходящего соединения

NIP nonimpact printer печатающее устройство [ПУ] безударного типа

NIPS national information processing system национальная система обработки информации

NIR 1. near infrared ближняя [длинноволновая] ИК-область (*спектра*) **2. normalized information rate** стандартизованная скорость передачи данных

NIS network information system сетевая информационная служба

NIT 1. neon indicating tube неоновый индикатор **2. network information table** таблица информации о сети

NIU network-interface unit сетевой интерфейсный модуль

NL 1. new line (character) символ новой строки **2. noise limiter** ограничитель шумов или помех

NLA nonlinear animation нелинейная анимация

NLE nonlinear editing *тлв* нелинейный монтаж

NLM network loadable module загружаемый сетевой модуль (*о сетевом программном обеспечении*)

NLT noise limiter ограничитель помех

NM 1. nanometer нанометр, нм **2. network management** управление сетью подвижной связи **3. noise meter** шумомер, измеритель относительного уровня шумов **4. no message** отсутствие сигнала **5. nonmagnetic** немагнитный

NMC network management center центр управления связью, ЦУС

NMF network management forum форум по сетевому управлению

NMOS, nMOS n-channel metal-oxide-semiconductor n-канальная структура металл – оксид –полупроводник, n-МОП-структура

NMR normal-mode rejection ослабление синфазного сигнала

NMR(I) nuclear magnetic resonance (imaging) формирование изображений методом ядерного магнитного резонанса

NMRR normal-mode rejection ratio коэффициент подавления помех от сети питания

NMRS national mobile radio service национальная служба подвижной радиосвязи

NMS network management system схема сетевого управления

NMSE normalized mean-square error нормализованная среднеквадратичная ошибка

NMT Nordic Mobile Telephone NMT-стандарт, единый стандарт сотовой связи для 5 североевропейских стран

NNI network-node interface интерфейс сеть – узел

NO normally open нормально разомкнутый

no number 1. *тлф* номер 2. число, количество 3. индекс, показатель

NOC 1. network operating center центр управления связью, ЦУС **2. normally open contact** замыкающий контакт

NOD network outward dialing автоматическое установление исходящего соединения (*в учрежденческой АТС*)

NOP network operating protocol (рабочий) протокол обслуживания сети

NOS network operating system сетевая операционная система, сетевая ОС

NOT number of turns число витков

Np neper непер, уровень передачи, вычисленный посредством натуральных логарифмов

NPC network parameter control управление сетевыми параметрами

NPL noise-pollution level уровень шумов

NPN, npn negative-positive-negative n–p–n-структура (*транзистора*)

NPR noise-power ratio 1. коэффициент мощности шума 2. *тлф* относительный уровень собственных шумов канала

NPRZ nonpolarized return-to-zero неполяризованная запись с возвращением к нулю

nPSK n-phase-shift keying n-позиционная фазовая манипуляция

nQAM n-quadrature amplitude modulation n-позиционная квадратурная модуляция (*в системе телевидения высокой четкости*)

NR 1. noise ratio отношение сигнал – шум **2. noise reduction** шумоподавление **3. nonlinear resistance** нелинейное сопротивление

NRAO National Radio Astronomical Observatory Национальная радиоастрономическая обсерватория

NRC noise reduction coefficient коэффициент шумоподавления

NRG national reference group национальный групповой эталон

NRI net-radio interface стык одноканальной радиостанции с коммутируемой телекоммуникационной сетью

NRM network-resource manager администратор сетевых ресурсов

NRR nonreturn-to-reference запись без возвращения в исходное состояние

NRS 1. national radio station национальная радиостанция **2. naval-radio station** радиостанция военно-морского флота **3. network resource server** сервер распределения ресурсов сети **4. noise-reduction system** система шумоподавления

NRU noise-reduction unit блок шумоподавления

NRZ1 non-return-to-zero-change-to-ones двоичная схема кодирования с изменением состояния или уровня контрольного параметра (*напр. силы тока или напряжения*) в случае завершения кодовой последовательности единицей

NRZ-I non-return-to-zero-inverted двоичная схема кодирования без возврата на ноль с инверсией значащего состояния или уровня контрольного параметра (*напр. силы тока или напряжения*)

NRZ-L non-return-to-zero-level двоичная схема кодирования с инверсией уровня контрольного параметра (*напр. силы тока или напряжения*)

NRZ-M non-return-to-zero-mark двоичная схема кодирования с изменением состояния или уровня контрольного параметра (*напр. силы тока или напряжения*) в случае завершения кодовой последовательности единицей

NRZ(-S) non-return-to-zero(-space) двоичная схема кодирования с изменением состояния или уровня контрольного параметра (*напр. силы тока или напряжения*) в случае завершения кодовой последовательности нулем

NS 1. name services служба именования **2. next station** следующая станция

NSAP network service-access point узел доступа к сетевой службе

NSC 1. network switching center коммутационный центр сети **2. noise-suppression circuit** система шумоподавления, схема шумоподавления

NS/EP National Security or Emergency Preparedness концепция готовности средств связи к чрезвычайным ситуациям

NSGN noise generator шумовой генератор

NSNR normalized signal-to-noise ratio нормированное отношение сигнал – шум

NSP 1. network-service protocol протокол сетевых служб **2. network-service provider** поставщик услуг сети, провайдер

NSR noise-to-signal ratio отношение шум – сигнал

NSRDS National Standard Reference Data System национальная система стандартизации данных, НССД (*США*)

NSTAC National Security Telecommunication Advisory Committee Национальный комитет по надзору за телекоммуникационной безопасностью

NT 1. network terminal сетевой терминал **2. network termination** сетевое окончание

NTC negative temperature coefficient отрицательный температурный коэффициент

NTCA National Telephone Cooperative Association Национальная ассоциация телефонных кооперативов

NTCN National Telecommunication Coordinating Network Национальная сеть координации телекоммуникаций (*США*)

NTI network-termination interface интерфейс сетевого окончания

NTIA National Telecommunication and Information Administration Национальная администрация телекоммуникаций и информации (*США*)

NTL nonuniform transmission line неоднородная линия передачи

NTMS National Telecommunications Management Structure национальная структура управления телекоммуникациями (*США*)

NTN network-terminal number *тлф* абонентский номер

NTR noise-temperature ratio коэффициент шумовой температуры

NTSC National Television System Committee 1. национальный комитет по ТВ-системам 2. система цветного телевидения NTSC 3. NTSC-стандарты

NTU network terminating unit оконечный сетевой комплект

NUL null 1. нуль || нулевой 2. отсутствие информации 3. пустой

num 1. numeral число || числовой **2. numerator** нумератор, счетчик **3. numeric** числовой

NUT network-under-test испытываемая сеть (*связи*)

NUTL nonuniform transmission line неоднородная линия передачи

NVIS near-vertical incidence sky wave *рад.* почти вертикальная ионосферная волна

NVOD near-video-on-demand интерактивная служба доставки видеопочты по требованию

NVP nominal velocity of propagation номинальная скорость распространения (*электромагнитных волн*)

NVRAM nonvolatile RAM энергонезависимое запоминающее устройство с произвольной выборкой, ЗУПВ, энергонезависимое ЗУПВ

n-VSB vestigial sideband modulation with n discrete amplitude levels *тлв* система модуляции с частично подавленной боковой полосой с n-амплитудными уровнями

NVT network virtual terminal виртуальный сетевой терминал

NWC network controller сетевой контроллер

NWN nationwide wireless network общенациональная беспроводная сеть

O

O 1. oscillator 1. генератор 2. гетеродин 3. вибратор **2. output** 1. выход 2. выходной сигнал 3. выходная мощность 4. производительность

OA 1. office automation автоматизация офиса **2. omni-range antenna** антенна всенаправленного радиомаяка **3. operational amplifier** операционный усилитель

O&M operating and maintenance управление и обслуживание

OB outside broadcast внестудийная передача

OBA octave-band analyzer октавный спектроанализатор

OBN out-of-band noise внеполосный шум

OBO output back-off потери выходной мощности

OBOW outbond orderwire выходной служебный канал

OBR optical bar reader машина для считывания штрихкода

OC 1. office communication учрежденческая связь **2. open circuit** разомкнутая цепь, разомкнутый контур **3. operating characteristic** рабочая характеристика **4. optical communication** оптическая связь

OCC over-common carrier (телефонная) компания, предоставляющая услуги, конкурентоспособные AT&T

occ open-circuit characteristic характеристика холостого хода

OCI ocean color imager формирователь цветовых изображений зон океана (*с повышенной биологической продуктивностью*)

OCR 1. optical character reader 1. устройство оптического распознавания текста 2. программа оптического распознавания текста **2. optical character recognition** оптическое распознавание текста

OCS 1. open-circuit stub разомкнутый шлейф **2. organization-communication system** учрежденческая система связи

OCT, oct 1. octal восьмеричный (*о системе счисления*) **2. octava** октава

OCV open-circuit voltage напряжение холостого хода

OCVCXO oven-controlled voltage-controlled crystal oscillator термостатированный кварцевый генератор, управляемый напряжением

OCWR optical continuous-wave reflectometer рефлектометр для определения коэффициента отражения непрерывной волны

OCXO oven-controlled crystal oscillator термостатированный кварцевый генератор

OD 1. on-demand по требованию **2. optical density** оптическая плотность (*изображения*) **3. optical disk** оптический диск

O/D on-demand по требованию

ODA office document architecture структура офисного протоколирования

ODBC open-database connectivity свободное подключение к базе данных

ODF optical distribution frame оптический распределительный кадр

ODFT odd-discrete Fourier transform нечетно-дискретный преобразователь Фурье, НДПФ

ODHT optimal discrete Hilbert transformer оптимальный дискретный преобразователь Гилберта

ODI open data(-link) interface интерфейс с поддержкой свободного подключения к базам данных

ODIF office document interchange format формат обмена офисными документами

ODL 1. optical data link оптический канал передачи (*данных*) **2. optical delay line** оптическая линия задержки

ODR omnidirectional range всенаправленный радиомаяк

O/E optoelectronic (converter) оптоэлектронный преобразователь

OEIC optoelectronic integrated circuit оптоэлектронная интегральная микросхема, оптоэлектронная ИМС

OF output factor коэффициент нагрузки

OFB output feedback режим шифрования с обратной связью, режим шифрования с ОС

OFC 1. optical-fiber cable волоконно-оптический кабель, ВОК **2. optical fiber communication** волоконно-оптическая связь **3. optical fiber, conductive** проводящее оптоволокно

OFCP optical-fiber, conductive, plenum проводящий волоконно-оптический кабель внутреннего применения для скрытой проводки

OFCR optical fiber, conductive, riser проводящий волоконно-оптический кабель для внутренней проводки в стояках

OFN optical fiber, nonconductive непроводящий волоконно-оптический кабель

OFNP optical fiber, nonconductive, plenum непроводящий волоконно-оптический кабель внутреннего применения для скрытой проводки

OFNR optical fiber, nonconductive, riser непроводящий волоконно-оптический кабель для внутренней проводки в стояках

OFR overfrequency relay реле повышения частоты

OFS 1. object file system объектная файловая система **2. operational fixed service** фиксированная оперативная служба

OG output generator выходной генератор

OGM outgoing message исходящее сообщение

OGW optical guided wave канализируемая световая волна

OHW output highway выходной тракт передачи дискретной информации

OI orbiter instrumentation приборно-измерительное оборудование орбитальной станции

OIC optical integrated circuit оптоэлектронная интегральная схема, оптоэлектронная ИС

OIN office-information network учрежденческая сеть передачи информации

OIRT Organization of International Radio and Television Международная организация радиовещания и телевидения, ОИРТ

OL 1. on-line системный; оперативный (*о режиме*) **2. open loop** разомкнутая линия, разомкнутый контур **3. overhead line** воздушная линия (*связи*) **4. overload** перегрузка

OLCL on-line catalog library объединенная электронная система библиотечных каталогов

OLI optical line interface интерфейс оптической линии связи

olr overload relay реле защиты от перегрузки

OLT on-line testing 1. оперативный контроль 2. проверка в диалоговом режиме

OLTF open-loop transfer function передаточная функция разомкнутой системы

OLTP on-line transaction processing оперативная обработка транзакций

OM outer marker дальний маркерный радиомаяк

OMC operations-and-maintenance center центр управления и обслуживания, ЦУО

OMF open media format открытый мультимедийный формат

OMG object-management group группа управления объектами

OML operations and maintenance link линия управления и обслуживания

OMNITENNA omnidirectional antenna всенаправленная антенна

OMR 1. optical mark reading оптическое считывание меток **2. optical mark recognition** оптическое распознавание меток

OMS 1. optoelectronic multiple switch оптоэлектронный переключатель каналов **2. ovonic memory switch** переключатель с памятью на элементах Овшинского

OMT 1. object modeling technology техника объектного моделирования **2. orthomode transducer** преобразователь для возбуждения ортогональных мод (*системы спутниковой связи*)

ONA open-network architecture открытая сетевая архитектура

ONE office-network exchange учрежденческая АТС

ONU optical network unit блок сети оптической связи

OOB out-of-band внеполосный

OODB object-oriented database объектно-ориентированная база данных

OOK on-off keying амплитудная манипуляция, АМн

o.o.o out-of-order неисправный

OOP object-oriented programing объектно-ориентированное программирование

OP operation 1. работа; функционирование 2. режим

OPA optoelectronic pulse amplifier оптоэлектронный импульсный усилитель

opamp operational amplifier операционный усилитель

opcode operation code код операции

opcom optical communication оптическая связь

OPD optical path difference оптическая разность хода

OPGW overhead optical ground wave околоземная воздушная оптическая волна

OPI open-prepress interface *полигр.* интерфейс открытых систем предпечатной подготовки

OPM operations-per-minute операций в минуту

OPO optical parametric oscillator оптический параметрический генератор

OPS off-premises station станция, расположенная вне помещения пользователя

ops operations-per-second операций в секунду

OPT 1. optics оптика **2. output transformer** выходной трансформатор

OPT-GW composite overhead ground wire with optical fibers комбинированный молниезащитный трос со встроенным волоконно-оптическим кабелем

optoisolator optoelectronic isolator оптопара, оптрон

OPX off-premises extension 1. учрежденческая АТС, установленная в отдельном помещении 2. добавочный телефонный аппарат, установленный в отдельном помещении

OQPSK offset quadrature phase-shift keying квадратурная фазовая манипуляция со сдвигом

OR 1. omnidirectional (radio) range всенаправленный курсовой маяк **2. on-request** по запросу **3. operational range** рабочий диапазон **4. overall resistance** полное сопротивление, импеданс **5. overload relay** реле максимального тока

ORB omnidirectional radio beacon всенаправленный радиомаяк

org organization 1. организация 2. *вчт* структура, архитектура

ORL optical return loss затухание отражения

OROS optical read-only storage оптическое постоянное запоминающее устройство, оптическое ПЗУ

OS operating [operational] system операционная система

OSA 1. open system adapter адаптер открытых систем **2. open system architecture** архитектура открытых систем **3. overall system attenuation** полное затухание в системе (*передачи*)

OSAM open system architecture for mobile новая архитектура открытых сервисных компонентов для мобильных телекоммуникаций

OSC, osc 1. oscillation 1. колебание 2. вибрация **2. oscillator** осциллятор, генератор **3. oscillograph** осциллограф **4. oscilloscope** осциллограф с электронно-лучевой трубкой, ЭЛТ-осциллограф

OSEM optoelectronic switching elements matrix оптоэлектронный матричный коммутатор, ОЭМК

OSFB operation system function block блок функций систем управления

OSI Open System Interconnection взаимодействие открытых систем (*концепция*)

OSIP Open System Interconnection Profile профиль взаимодействия открытых систем

OSI-RM Open System Interconnection-Reference Model эталонная модель организации взаимодействия открытых систем

OSLAN open-system local-area network локальная сеть связи, взаимодействующая с открытыми системами

OSN optical subscriber network абонентская оптическая сеть связи

OSO Onsala Space Observatory космическая радиообсерватория г. Онсала (*Швеция*)

OSPF open-shortest-path-first дисциплина обслуживания «кратчайший маршрут открывается первым»

OSRI originating station routing indicator индикатор маршрута вызывной станции

OSS 1. one-stop shopping концепция покупки всех нужных товаров в (виртуальном) магазине **2. operational support system** система оперативной поддержки **3. operator of services system** оператор услуг связи **4. out-of-service** вне зоны обслуживания (системы связи)

OSSN originating station serial number серийный номер вызывной станции

OTAM over-the-air management (of automated HF network nodes) воздушное управление (*автоматизированными узлами радиосети*)

OTAR other-the-air rekeying *крипт.* дистанционная смена шифровального ключа

OTDR 1. optical time-domain reflectometer рефлектометр оптической временной области **2. optical time-domain reflectometry** рефлектометрия оптической временной области

OTF optical transfer function оптическая передаточная функция

OTR optical transmitter/receiver оптический приемопередатчик

OTS ovonic threshold switch пороговый переключатель на элементах Овшинского

out output 1. выход, вывод 2. выходной сигнал

o.v. overvoltage перенапряжение

OVF, ovflo overflow переполнение (*памяти*)

ovht overheat перегревание

ovly overlay 1. наложение (*изображений*) 2. наложенное изображение

OVP overvoltage protection защита от перенапряжения

ovv overvoltage перенапряжение

OW orderwire служебная линия связи

OWB orderwire burst пакет служебной связи

OWF optimum working frequency оптимальная рабочая частота

OXP overexcitation protection защита от перевозбуждения

Ω Ohm Ом

P

P 1. page страница **2.,peta** пета-, 10^{15} **3. plate** 1. *амер.* обозначение анода 2. обкладка конденсатора 3. табличка с паспортными данными 4. плита; пластина **4. point** 1. точка; пункт 2. контакт 3. позиция **5. pole** 1. полюс 2. столб, опора (*низковольтной линии электропередачи*) **6. positive** положительная величина || положительный **7. primary** 1. первичный (*об обмотке*) 2. основной (*о цвете*) **8. punch** 1. перфорирование (*отверстий*) 2. *тлг* перфоратор, пуансон **9. puncturing** перфорирование (*при кодировании*)

p 1. page страница (*данных*) **2. pico** пико-, 10^{-12} **3. positive** положительная величина || положительный

PA 1. paging amplifier пейджерный усилитель, усилитель персонального вызова **2. parametric amplifier** параметрический усилитель **3. power amplifier** усилитель мощности **4. production assistant** ассистент видеорежиссера **5. pulse amplifier** импульсный усилитель

PABX private automatic branch exchange учрежденческая АТС (*с выходом в городскую сеть*)

PAC 1. partitioned adaptive control разделенное адаптивное управление **2. perceptual audio coding** перцептуальное звуковое кодирование

PACS Personal Access Communication Services телекоммуникационные службы персонального доступа

PACX private automatic computer exchange компьютеризованная учрежденческая АТС, компьютеризованная УАТС

PA/D packet assembler/disassembler устройство формирования/расформирования пакетов

PAL 1. Phase Alternating by Line система ТВ-вещания ПАЛ **2. programmable array logic** программируемая матричная логика

PAL-M Phase Alternating by Line Modified усовершенствованная система ТВ-вещания ПАЛ

PAM 1. Pantone matching system система цветовой калибровки *Pantone* **2. partitioned access method** библиотечный метод доступа **3. phone activities manager** руководитель отдела телефонии (*секции Американской лиги радиосвязи*) **4. port assignment module** модуль присвоения портов **5. pulse-amplitude modulaton** амплитудно-импульсная модуляция, АИМ

PAMA 1. preassigned multiple access многостанционный доступ с жестким закреплением каналов **2. pulse-address multiple access** концепция общественной спутниковой связи с частотно-временным разделением доступа

PAMR public access mobile radio общественная система подвижной радиосвязи

PAN preassigned network сеть с закрепленными каналами

PAO pulsed avalanche(-diode) oscillator импульсный генератор на лавинно-пролетном диоде

PAP Password Authentication Protocol протокол аутентификации пароля

p/ar peak-to-average ratio отношение мгновенной пиковой мощности к средней мощности (*сигнала*)

PARAMP, paramp parametric amplifier параметрический усилитель

PaRTS package-and-resource tracking system программа управления торговыми марками

PAS photoacoustic spectroscopy оптоакустическая спектроскопия

PASS private automatic switching system частная автоматическая система коммутации

PAT program-association table *тлв* таблица с перечнем программ потока и их идентификаторами

pat patent патент

PAX private automatic exchange учрежденческая АТС без выхода в городскую сеть, УАТС без выхода в городскую сеть

PB 1. power box источник питания **2. public broadcasting** общественное вещание **3. pushbutton** (нажимная) кнопка

PBA printed-board assembly печатный узел

PBER pseudo-bit error ratio частота псевдобитовых ошибок

PBS Public Broadcasting Service вещательная компания Пи-Би-Эс (*США*)

PBX private branch exchange учрежденческая АТС с выходом в город

PC 1. carrier power мощность несущей (*радиопередатчика*) **2. peripheral controller** периферийный контроллер **3. personal computer** персональный компьютер, компьютер IBM *или* совместимый с ним компьютер **4. photocell** фотоэлемент **5. printed circuit** печатная схема **6. program counter** счетчик инсталляций (*системы защиты программного обеспечения от копирования*) **7. programmable controller** программируемый контроллер **8. pulse code** импульсный код

PCB printed-circuit board печатная плата

PCC programmable cross connection программируемое координатное соединение

PCCA Portable Computer and Communications Association Ассоциация производителей портативных компьютеров и средств связи (*США*)

PCD pulse-code dialing импульсно-кодовый набор номера

PCH paging channel канал персонального вызова

PCI 1. peripheral components interconnect (bus) PCI-шина, компьютерная шина со скоростью передачи данных до 33 Мбайт/с **2. photon-coupled isolator** оптопара, оптрон **3. programmable communication interface** программируемый интерфейс связи **4. protocol-control information** информация управления протоколом

PCL parallel communication link параллельная линия связи

PCM 1. pulse-code modulation импульсно-кодовая модуляция, ИКМ **2. pulse-count modulation** числоимпульсная модуляция

PCMCIA 1. Personal Computer Memory Card International Association Ассоциация производителей карт памяти для компьютера **2. personal computer microphone interface adapter** плата адаптера для подключения радиотелефона к компьютеру

PCM-IM(PS) pulse-code modulation, intensity modulated (pulse source) ИКМ с модулированием импульса источника по интенсивности

PCM-PM(PS) pulse-code modulation, polarization modulated (pulse source) ИКМ с модулированием импульса источника по поляризации

PCN 1. personal communication network сеть персональной связи (*Европа*) **2. personal computer network** сеть персональных компьютеров

PCO point of control and observation точка управления и наблюдения

PCR 1. peak cell rate пиковая скорость передачи (трафика) **2. program clock reference** *тлв* поле эталонных часов

PCS 1. personal communication service персональная служба связи (*США*) **2. personal communication system** комплект персональной связи **3. plastic-clad silica (fiber)** волоконно-оптический кабель с кремниевым сердечником и пластиковой оболочкой **4. power conversion system** система преобразования мощности **5. print contrast signal** сигнал контрастности печати

PCSN private circuit-switching network частная сеть связи с коммутацией каналов

PCSR parallel channel signaling rate скорость передачи данных по параллельным каналам

PCT photon-coupled transistor оптотранзистор, оптический транзистор

PCV packet collapse value маска сжатия пакетов (*о пейджерной связи*)

PD 1. photodiode фотодиод **2. power distribution** распределение мощности **3. pulse drive** импульс запуска **4. pulse duration** длительность импульса

PDA 1. personal digital assistant электронный секретарь **2. pulse-distribution amplifier** усилитель-распределитель импульса, УРИ

PDB power distribution board силовой распределительный щит

PDBM pulse-delay binary modulation двоичная фазово-импульсная модуляция

PDC personal digital cellular персональная система цифровой сотовой связи (*Япония*)

PDCT portable data-collection terminal портативный терминал сбора данных

PDF portable document format PDF-формат, формат портативных документов

PDFA praseodymium-doped fiber amplifier оптический усилитель на волокне, легированном празеодимом

PDH plesiochronous digital hierarchy плезиохронная цифровая иерархия

PDM 1. pulse-delta modulation импульсная дельта-модуляция **2. pulse-duration modulation** широтно-импульсная модуляция, ШИМ

PDMA polarization division multiple access множественный доступ с полярным разделением

PDN 1. packet-data network сеть пакетной передачи данных **2. public-data network** сеть передачи данных общего пользования

PDP plasma display panel плазменный дисплей

PDS 1. processor direct slot гнездо для вставки центрального процессора **2. protected-distribution system** система связи с некриптографической защитой передаваемых данных

PDU 1. protected data unit блок защищенных данных **2. protocol-data unit** протокольный блок данных

PE 1. phase-encoded (recording) запись с фазным кодированием **2. photoelectric** фотоэлектрический

PEC 1. parametric equalizer параметрический эквалайзер **2. perfect electric conductor** идеальный электропроводник **3. photoelectric cell** 1. фотодиод 2. фоторезистор 3. фототранзистор

PECC partially error-controlled connection соединение с частичным исправлением ошибок

PEF prediction-error filter фильтр ошибки предсказания

pel picture element элемент изображения

PEM photoelectromagnetic фотоэлектромагнитный

PEP 1. peak-envelope power максимальная мощность огибающей **2. pulse effective power** эффективная импульсная мощность

PES 1. packetized elementary stream пакетированный элементарный поток **2. photoelectron spectroscopy** фотоэлектронная спектроскопия

PET positron emission tomography томография, основанная на методе позитронной эмиссии

PETAR Pan-European Television Audio Research Паневропейская научно-исследовательская ассоциация аудио- и телеслужб

PF 1. power factor коэффицент мощности **2. pulse former** формирователь импульсов

pF picofarad пикофарада, пФ

pf power factor коэффициент мощности

PFC 1. phase-frequency characteristic фазочастотная характеристика, ФЧХ **2. power-frequency communication** связь на промышленной частоте **3. pulse-frequency control** частотно-импульсное управление

PFE photoferroelectric фотосегнетоэлектричество

PFL prefade listen предмикшерный контроль

PFM pulse-frequency modulation частотно-импульсная модуляция, ЧИМ

PFN pulse forming network цепь формирования импульсов, схема формирования импульсов

PFR power-fail recovery восстановление (связи) после прерывания питания

PG 1. pattern generator 1. формирователь изображений 2. генератор топологии (*интегральных схем*) **2. power gain** 1. усиление по мощности 2. коэффициент усиления по мощности 3. генератор тестовых кодов **3. processing gain** усиление в процессе обработки сигналов **4. pulse generator** импульсный генератор

PGA 1. professional graphic adapter профессиональный графический адаптер **2. programmable-gate array** программируемая логическая матрица, ПЛМ

pgm program 1. радио- или ТВ-программа 2. программное обеспечение, ПО

ph 1. phase стадия; фаза **2. phone** 1. телефонный аппарат, ТФА 2. головной телефон

PHPS personal handy-phone system система персональной радиотелефонной связи (*Япония*)

PI 1. physical interface физический интерфейс **2. power input** входная мощность **3. protection interval** защитный интервал (*зашифрованной передачи*)

PIA peripheral interface adapter адаптер периферийного интерфейсного оборудования

PIC 1. personal identification code персональный идентификационный код **2. programmable interface controller** программируемый интерфейсный контроллер

PICS 1. platforms for Internet-content selection платформы для выбора Интернет-содержания **2. protocol-implementation conformance statement** утверждение согласования реализации протокола (*связи*)

PID packet identifier *тлв* идентификатор пакета (*элементарных потоков*)

PIE program input equipment *тлв* входное оборудование

PIM 1. PCM interface module интерфейсный модуль с импульсно-кодовой модуляцией, интерфейсный модуль с ИКМ **2. pulse-interval modulation** фазоимпульсная модуляция, ФИМ

PIN 1. personal identification number индивидуальный идентификационный номер **2. positive intrinsic negative** p – i – n-диод **3. position indicator** индикатор положения

PING, ping packet-Internet grouper система проверки возможности установления соединения хоста с Интернет-сервером посредством запроса/отклика

PINO positive input, negative output с положительным входным и отрицательным выходным сигналами

PIO 1. parallel input/output параллельный ввод-вывод **2. programmable input/output** программируемый ввод-вывод

PIP picture-in-picture *тлв* эффект типа «кадр в кадре»

PIU 1. peripheral interface unit периферийный интерфейс **2. programmable interface unit** программируемый интерфейс

PIV peak-inverse voltage максимальное обратное напряжение

pixel picture element элемент изображения

PIXIT Protocol-Implementation Extra Information for Testing протокол утверждения дополнительной информации для тестирования

PKC public-key cryptosystem криптографическая система с общественным доступом

PL 1. party line 1. *тлф* групповая абонентская линия 2. линия селекторной связи **2. plug** заглушка **3. processing loss** потери в процессе обработки сигналов **4. programming language** язык программирования

PLA programmable logic array программируемая логическая матрица, ПЛМ

PLAN personal LAN персональная локальная вычислительная сеть, персональная ЛВС

PLC 1. power-line carrier несущая в канале ВЧ-связи по ЛЭП **2. power-line communication** связь по ЛЭП **3. programmable logic control** программируемое логическое управление **4. programmable logic controller** программируемый контроллер

PLCF physical layer convergence function функция сходимости физических уровней

PLD 1. phase-locked demodulator демодулятор с фазовой автоматической подстройкой частоты, ФАПЧ-демодулятор **2. programmed logic device** программируемое логическое устройство **3. pulse-length discriminator** дискриминатор импульсов по длительности

pld payload полезная нагрузка

PLH payload handling обслуживание полезной нагрузки

PLI piecewise linear interpolator кусочно-линейный интерполятор

PLL phase-locked loop система с фазовой автоматической подстройкой частоты, ФАПЧ-система

PLMN public-land mobile network сеть связи наземных подвижных объектов общего пользования

PLN private line network сеть частных линий связи

PLO phase-locked oscillator параметрон

PLP presentation level protocol протокол уровня представления данных

PLR pulse-link repeater импульсный линейный повторитель

PLS 1. physical-signaling sublayer подуровень физической передачи данных **2. plasma-wave scatter** рассеяние на плазменных волнах **3. private line service** частная абонентская служба

PLUGE picture line-up generating equipment генератор для настройки видеомониторов

PM, pm 1. permanent magnet постоянный магнит **2. phased modulation** фазовая модуляция **3. polarization maintaining** сохранение поляризации (*об оптоволокне, используемом в интерферометрии*) **4. preventive maintenance** профилактическое техобслуживание

PMB programmable-multiplex bank программируемый мультиплексный банк (*данных*)

PMC perfect magnetic conductor идеальный магнитопровод

PMOS p-channel metal-oxide semiconductor p-канальная структура металл – диэлектрик – полупроводник, p-МОП-структура

PMPO peak music-power output пиковая выходная мощность (*акустической системы*)

PMR 1. personal mobile radio персональные системы подвижной связи **2. private mobile radio** частные системы радиосвязи **3. professional mobile radio** профессиональные системы подвижной радиосвязи

PMS 1. personal measuring system персональная измерительная система **2. public messaging service** общественная служба передачи сообщений

PMT 1. photomultiplier tube фотоэлектронный умножитель, ФЭУ **2. program-map table** *тлв* таблица структуры программ

PN pseudonoise псевдошумовой

PNL perceived-noise level воспринимаемый уровень шума

PNLdB perceived noise level in decibels воспринимаемый уровень шумов в децибелах

PNNI private network-to-network interface стык частных сетей связи

PNP positive-negative-positive p – n – p-транзистор

PO power output выходная мощность

POCSAG Post Code Standardization Advisory Group консультативная группа стандартизации кодов почтовой связи

POH path overhead маршрутный заголовок, трактовый заголовок

POI 1. point of interface физический стык между зонами передачи данных с локальным доступом **2. power on indicator** сетевой индикатор

PON passive optical network пассивная оптическая сеть связи

POP 1. point of presence локальный доступ в зону передачи данных на физическом уровне **2. Post Office Protocol** протокол почтового ящика, протокол п/я

PORT portable radiotelephone terminal портативная радиотелефонная станция

POS point-of-sale торговый терминал

pos положительная величина || положительный

POT point-of-termination точка подключения

pot 1. potential потенциал **2. potentiometer** переменный резистор, потенциометр

POTS plain-ordinary telephone service традиционные виды услуг телефонной связи

PP 1. peripheral processor периферийный процессор **2. polarization preserving** сохранение поляризации (*об оптоволокне, используемом в интерферометрии*)

P/P point-to-point прямой (*о передаче*)

pp 1. pulse pair парный импульс **2. push-pull** двухтактный

p-p peak-to-peak размах, двойная амплитуда

PPBM pulse-polarization binary modulation двоичная поляризационно-импульсная модуляция

PPC plain-paper copier электрофотографический аппарат косвенного копирования

PPI programmed peripheral interface программируемый периферийный интерфейс

PPM 1. peak program(mable) meter квазипиковый измеритель уровня (*передачи*) **2. pulse-position modulation** позиционно-импульсная модуляция, ПИМ

ppm pages-per-minute страниц в минуту (*о скорости печати*)

14 Зак. 267

PPO push-pull output двухтактный выход

PPP 1. peak pulse power максимальная импульсная мощность **2. Point-to-Point Protocol** межузловой Интернет-протокол

pps 1. packets-per-second пакетов в секунду **2. pictures-per-second** кадров в секунду **3. pulses-per-second** импульсов в секунду

PR 1. polarized relay поляризованное реле **2. protection ratio** защитное отношение **3. pseudorandom** псевдослучайный (*напр. о шуме*) **4. pulse rate** частота следования импульсов

PRA primary-rate access доступ (в цифровую сеть с интегрированными услугами) на базовой скорости передачи данных (*2 Мбайт/с*)

PRB packet-receiving buffer буфер приема пакетов

PRBS pseudo-random binary sequence псевдослучайная двоичная последовательность

PRG pseudo-random generator генератор псевдослучайного кода

PRI primary-rate interface интерфейс базового уровня, интерфейс первичного доступа (*для объединения АТС в цифровую сеть с интегрированными услугами*)

pri primary 1. первичный (*об обмотке*) 2. основной (*о цвете*)

PRK phase-reversal keying двухкратная относительная фазовая манипуляция, двухкратная относительная ФМн

PRM 1. protocol-reference model опорная модель протокола **2. pulse-rate modulation** частотно-импульсная модуляция, ЧИМ

PRN 1. packet-radio network сеть радиосвязи **2. pseudorandom noise** псевдослучайный шум

PRNET packet-radio network сеть пакетной радиосвязи

proj 1. projection проекция 1. план, вид 2. демонстрация, показ **2. projector** 1. проектор 2. прожектор 3. гидроакустический излучатель

PROM programmable-read-only memory программируемое постоянное запоминающее устройство, ППЗУ

PRONET protected network сеть с автоматической защитой от несанкционированного доступа

PRR pulse-repetition rate частота следования импульсов

PS 1. packet status статус пакета **2. packet switch** коммутация пакета **3. permanent signal** постоянный сигнал **4. phase shift** 1. фазовый сдвиг 2. временной сдвиг **5. portable side** портативная часть системы абонентской связи **6. power supply** 1. источник электропитания 2. электропитание **7. previous station** предыдущая станция **8. processor sharing** распределенный доступ к процессору **9. pulse shaper** формирователь импульсов

P/S parallel/series параллельно-последовательный

PSA photosensor array матрица фотодетекторов

PSAP presentation services access point пункт доступа к презентационным службам

PSC 1. parallel-to-serial converter преобразователь параллельного кода в последовательный **2. portable single camera** портативная видеокамера-моноблок **3. portable switching center** центр коммутации пакетов

PSD 1. phase-sensitive detector фазочувствительный детектор **2. position-sensitive detector** датчик положения **3. power-spectrum density** спектральная плотность мощности

PSDN 1. packet-switched data network сеть передачи данных с коммутацией пакетов **2. public-switched data network** коммутационная сеть передачи данных общего пользования

PSE packet-switching exchange станция коммутации пакетов, пункт коммутации пакетов

PSI 1. packet-switched interface интерфейс коммутации пакетов **2. peripheral system interconnection** взаимосвязь периферийных устройств

PSK phase-shift keying фазовая манипуляция, ФМн

PSN 1. packet-switched network сеть (спутниковой связи) с коммутацией пакетов **2. portable serial number** серийный номер портативного телефона **3. public-switched network** общественная коммутируемая телефонная сеть

PSNL packet-switched network link сетевой канал с коммутацией пакетов

PSNR power signal-to-noise ratio отношение сигнал/шум по мощности

PSO parametric subharmonic oscillator параметрон

PSPDN packet-switched public data network общественная сеть передачи данных с коммутацией пакетов

psRAM pseudo-static RAM псевдостатическое запоминающее устройство, псевдостатическое ЗУ

PSS 1. packet-switching system система передачи данных с коммутацией пакетов **2. packet-switch stream** сеть общего пользования с коммутацией пакетов

p-static precipitation static статические помехи радиосвязи, вызванные электризацией антенны

PSTN 1. postal telephone network почтовая телефонная сеть связи **2. public switched telephone network** коммутируемая телефонная сеть общего пользования

PSU power supply unit блок питания

PT 1. phototelegraph(y) фототелеграф(ия) **2. pressure transducer** датчик давления **3.** *тлг* **punched tape** перфолента

PTAE portable traffic analysis equipment портативная аппаратура для анализа телефонной нагрузки

PTAT private transatlantic telecommunications (system) частная трансатлантическая кабельная система связи

PTC 1. packet-transmission channel канал пакетной передачи **2. positive temperature coefficient** положительный температурный коэффициент

PTD 1. path time delay задержка прохождения (*сигнала*) по тракту **2. posttuning drift** посленастроечный уход (*частоты*)

PTF patch-and-test facility совокупность оборудования для оценки качества, аварийной коммутации и ремонта линий связи, а также регистрации состояния сети связи

PTI program-type information информация о типе программы (*выводимая на дисплей автомагнитолы*)

PTM 1. packet-transfer mode режим пакетной передачи **2. pulse-time modulation** времяимпульсная модуляция, ВИМ

PTN public telephone network телефонная сеть общего пользования

PTO permeability-tuned oscillator генератор с магнитной настройкой

PTP peak-to-peak размах, двойная амплитуда

PTR 1. paper-tape reader *тлг* устройство считывания с перфоленты **2. printer** печатающее устройство, ПУ; принтер

PTS 1. preselection time stamp часть заголовка PES-пакета, определяющая время представления презентационного блока в декодере **2. public telephone service** общественная телефонная служба

PTT 1. post, telephone and telegraph почта, телефон и телеграф **2. push-to-talk** тангента (*микрофона*)

PTTC paper-tape transmission code телеграфный код

PTTI precise-time-and-time-interval служба передачи сигналов точного времени

PTV 1. portable television портативный ТВ-приемник **2. public television** общественное телевидение

PTW personal typesetting workstation автоматизированное рабочее место [АРМ] наборщика

PU 1. pick-up звукосниматель **2. power unit** блок питания **3. presentation unit** 1. блок доступа к звуковому сопровождению 2. декодированное изображение

PUC public-utilities commission комиссия по регулированию телекоммуникаций в пределах штата (*США*)

PUN portable user number номер пользователя портативной станции

PUT portable user type категория пользователя портативной станции

PVC 1. permanent virtual circuit постоянный виртуальный канал **2. polyvinylchloride** поливинилхлорид, ПВХ (*для изоляции кабеля связи*) **3. pulse voltage converter** преобразователь импульсного напряжения

PVP permanent virtual path постоянный виртуальный маршрут

PW pulse width длительность импульса

pW picowatt пиковатт, пВт

pW0 picowatt, relative to a 0TLP пиковатт, отсчитанных относительно нулевой точки передачи

PWB printed wiring board печатная плата

PWC power connector разъем питания

PWD pulse-width discriminator дискриминатор импульсов по длительности

PWM 1. pulsed-wave modulation импульсно-волновая модуляция **2. pulse-width modulation** широтно-импульсная модуляция, ШИМ **3. pulse-width modulator** широтно-импульсный модулятор

pWp picowatt, psophometrically weighted псофометрически взвешенных пиковатт

Pwr, pwr power 1. мощность 2. энергия 3. возможность

PX private exchange учрежденческая АТС без выхода в город

P/Z/N positive/ zero / negative плюс/ноль/минус

PZT piezoelectric transducer пьезодатчик, пьезоэлектрический измерительный преобразователь

Q

Q, q 1. quality добротность **2. quantity** 1. количество 2. физическая величина **3. quenching** гашение, ослабление

QA quality assurance гарантия качества

QAF q-interface adapter function функция адаптера q-интерфейса

QAGC, qagc quiet automatic gain control бесшумная автоматическая регулировка усиления, бесшумная АРУ

QAM quadrature amplitude modulation квадратурная амплитудная модуляция

16-QAM 16-points quadrature amplitude modulation 16-позиционная квадратурная амплитудная модуляция (*о цифровом телевидении высокой четкости*)

QASK quadrature amplitude-shift keying квадратурная амплитудная манипуляция

QAVC quiet automatic volume control автоматическая регулировка усиления с задержкой, АРУ с задержкой

QBF quick brown fox ... международный текст для проверки телеграфного аппарата

QC 1. quality control контроль качества **2. quartz crystal** кварцевый кристалл

QCIF quarter-common intermediate format формат ТВ-изображения, специфицируемый Рекомендациями H.261 Международного консультативного комитета по телефонии и телеграфии (*176 яркостных элементов на 144 строках при 352 элементах цветности в обоих направлениях*)

QCPSK quaternary coherent phase-shift keying фазовая манипуляция с когерентными фазовыми сигналами

QD quick disconnect быстрорасчленяемый (*напр. о разъеме телефонной гарнитуры*)

QEF quasi-error-free квазибезошибочный (*о детекторе кода Рида – Соломона*)

QF quality factor добротность

QFM quantized-frequency modulation частотная модуляция с квантованием

QHE quantum Hall effect квантовый эффект Холла

QI quiet ionosphere невозмущенная ионосфера

QISAM queued-indexed sequential access method индексный метод последовательного доступа

QMF quadrature mirror filter квадратурный зеркальный фильтр, КЗФ

QMN quasi-minimum noise квазиминимальный шум

QMT quantum mechanic transmission коэффициент квантово-механического прохождения

QNA queuing network analyzer анализатор сетей массового обслуживания

QNT quantizer квантователь, квантующее устройство

QoS quality of service качество обслуживания

QPD quadrature phase detector квадратурный фазовый детектор

QPPM quantized pulse-position modulation фазоимпульсная модуляция с квантованием

QPR quadrature partial response (modulation) квадратурная модуляция с частичным откликом

QPRK quadrature partial-response keying квадратурная манипуляция с частичным откликом

QPSK quadrature [quaternary] phase-shift keying квадратурная фазовая манипуляция

QPSX queued-packet synchronous exchange поочередный синхронный обмен пакетами

QSAM 1. quadrature sideband amplitude modulation квадратурная амплитудная модуляция с одной боковой полосой **2. queued-sequential access method** последовательный метод доступа в порядке очереди

QSR quick-start recording немедленная запись (*на видеокассету*)

QSS quasi-stellar (radio) source квазар

QTAM queued-telecommunication access method телекоммуникационный метод доступа в порядке очереди

QTY quantity 1. количество 2. физическая величина

QTZ quartz кварц

qual quality добротность

QUAM quadrature amplitude modulation квадратурная амплитудная модуляция

QWEP quantum-Well infrared photodetector ИК-фотодетектор на квантовом эффекте Уелла

R

R 1. reset сброс, возврат **2. resistance** сопротивление **3. resistor** резистор **4. reverse** обратный **5. right** правый (*о стереоканале*)

RA 1. radio astronomy радиоастрономия **2. Radio Communication Assembly** Ассамблея сектора радиосвязи Международного союза электросвязи

rabal radiosonde balloon 1. система радиозондирования с помощью воздушных шаров 2. данные, полученные посредством радиозондирования с помощью воздушных шаров

RACE research and development for advanced communications in Europe исследования и разработка перспективных средств связи в Европе

RACH random-access channel канал произвольного доступа

RACOM random-access communication (system) система связи с произвольным доступом

RAD 1. random-access device устройство с произвольным доступом **2. rapid application development** разработка быстродействующих приложений

rad radian рад, радиан

RADAR radio detection and ranging 1. радиообнаружение и определение дальности 2. радар; радиолокационная станция, РЛС

RADAS random-access discrete address system дискретно-адресная система с произвольным доступом

RADASIM random-access discrete address system simulator имитатор дискретно-адресной системы с произвольным доступом

RADHAZ electromagnetic radiation hazard опасность электромагнитного излучения

RAG Radiocommunication Advisory Group консультативная группа сектора радиосвязи (*Международного союза электросвязи*)

RAINBOW radio-access independent broadband on wireless широкополосная беспроводная сеть с радиодоступом

RAM 1. random-access memory запоминающее устройство с произвольной выборкой, ЗУПВ **2. resident-access method** резидентный [постоянный] метод доступа

RAN regional area network региональная [зональная] сеть

RAND random number *тлф* случайный абонентский номер

RAP remote-access point пункт дистанционного доступа

RARP Reverse Address Resolution Protocol протокол с разрешением конфликтов обратных адресов

RAS 1. random-access storage запоминающее устройство с произвольной выборкой, ЗУПВ **2. remote-access system** система с поддержкой дистанционного доступа

RATS random-access time slot временной интервал, отведенный для произвольного доступа

RATT radioteletype радиотелетайп

RAX rural automatic exchange внутрирайонная [сельская] АТС

RAW read-after-write чтение после записи

RB 1. radio beacon радиомаяк **2. return-to-bias** возвращение к нулю со смещением

RBE remote batch entry дистанционный пакетный ввод (*заданий*)

RBOC Regional Bell Operating Company одна из семи региональных телефонных компаний, отделившихся от AT&T

RBP remote-batch processing дистанционная пакетная обработка данных

RBV return-beam vidicon *тлв* ребикон, видикон с возвращаемым лучом

RBW receiver bandwidth ширина полосы пропускания приемника

RbXO rubidium crystal oscillator рубидиевый кварцевый генератор

RC 1. radio control 1. радиоуправление 2. дистанционное управление **2. reflection coefficient** коэффициент отражения **3. remote control** дистанционное управление, ДУ; телеуправление **4. resource controller** контроллер ресурсов **5. reverse current** обратный ток

RCA Radio Corporation of America Американская радиовещательная корпорация, Ар-Си-Эй

RCC radio common carrier радиотелефонная компания

RCE remote-control equipment аппаратура телеуправления, аппаратура ДУ

RCL 1. radio communication line линия радиосвязи **2. resistance, capacitance and inductance** сопротивление, емкость и индуктивность

RCOP remote-control operation panel пульт дистанционного управления, ПДУ

RCR reverse-current relay реле обратного тока

RCRD record запись; регистрация

RCS 1. radio-communication service служба радиосвязи **2. remote control software** программное обеспечение дистанционного управления

RCT remote configuration terminal удаленный конфигурационный терминал

RCU radio-channel unit блок радиоканала

RCVR, rcvr receiver 1. приемник, накопитель 2. радиоприемное устройство, РПрУ 3. ресивер (*системы спутникового телевидения*) 4. пульт охраны

RD removable disk съемный магнитный диск

RDA remote data access удаленный доступ к данным

RDAC remote data acquisition and control дистанционный запрос на передачу данных

RDC remote data concentrator дистанционный концентратор данных

RDOS real(-time) disk operating system дисковая операционная система реального времени

RDS 1. radio-data standard международный стандарт радиоданных **2. radio-data system** система передачи пейджерных сообщений в УКВ-диапазоне **3. remote diagnostic system** дистанционная система диагностики **4. remote document server** удаленный сервер документов **5. removable disk storage** накопитель на съемных магнитных дисках

RDT remote data transmitter устройство дистанционной передачи данных

rec recording запись; регистрация

recce reconnaissance *тлв* обследование места съемки

rect rectifier 1. выпрямитель 2. диод

RECTENNA rectifying antenna антенна со встроенным выпрямителем

REEA Radio and Electronics Engineering Association Британская ассоциация по радиотехнике и электронике

ref reference 1. начало отсчета 2. опорный сигнал

REG range extender with gain расширитель диапазона с усилителем

reg 1. register регистр **2. regulator** 1. регулятор 2. стабилизатор

regs regulations постановления; правила

rej rejection подавление; ослабление

rel 1. release 1. отпускание; расцепление 2. расцепитель 3. *тлф* отбой **2. relocation** 1. перемещение 2. настройка 3. перераспределение (*памяти*)

RELP residually-excited linear predictive кодирование с линейным предсказанием и остаточным возбуждением

REN ringer equivalency number *тлф* количество звонков, генерируемое несколькими телефонными аппаратами, подключенными к одному абонентскому номеру, при вызове

repr, repro 1. reproduce воспроизводить, репродуцировать **2. reproducer** устройство воспроизведения **3. reproduction** воспроизведение, репродуцирование

REPROM reprogrammable read-only memory перепрограммируемое постоянное запоминающее устройство, ППЗУ

req 1. require запрос **2. requirement** 1. требование 2. спрос; потребность

RER residual error ratio коэффициент необнаруженных ошибок

res 1. reserve запас; резерв **2. resolver** резольвер, фазовый датчик положения **3. resource** 1. ресурс, запас 2. срок службы

rescap resistor-capacitor (unit) резисторно-конденсаторный блок

RET return 1. возврат 2. замыкание 3. эхо

RETMA Radio Electronics Television Manufacturers Association Ассоциация производителей радиоэлектронных средств связи и ТВ-оборудования

reversal реверсирование || реверсивный

REW, rew rewind ускоренная перемотка (магнитной ленты) назад

RF, rf 1. radio frequency радиочастота, РЧ **2. range finder** видоискатель (*ТВ-камеры*) **3. reactive factor** коэффициент реактивности

RFA radio-frequency amplifier усилитель радиочастоты, УРЧ

RFC radio frequency choke радиочастотный дроссель, РЧ-дроссель

RFI radio-frequency interference *проф.* эфирные помехи, РЧ-помехи

RFM reactive factor meter измеритель коэффициента реактивности

RFP radio fixed part стационарная часть радиостанции

RFPI radio fixed-part identity идентификатор радиопорта

RG radio guide каталог радиостанций

rg range 1. диапазон; интервал 2. класс 3. (антенный) полигон

RGB red, green, blue (signal) *тлв* сигнал основных цветов изображения (*красного, зеленого и синего*)

RGP remote graphic processor удаленный графический процессор

RH report heading заголовок отчета

rh правая сторона || правосторонний (*напр. о поляризации*)

RHC right-hand circular (polarization) правая круговая поляризация

rhcp right-hand circularly-polarized с правой круговой поляризацией

rheo rheostat реостат

RHL rectangular hysteresis loop прямоугольная петля гистерезиса

RHPW right-hand polarized wave волна с правой круговой поляризацией

RHR radio-horizon range дальность радиогоризонта

RI 1. reverberation index коэффициент реверберации **2. routing indicator** адресная часть заголовка сообщения

RIAA Recording Industry Association of America Американская ассоциация звукозаписи

RIC Radio-Industry Council Совет по радиопромышленности

RIFO random-in, first-out дисциплина обслуживания очередей «первый на входе – случайный на выходе»

RIP 1. Raster Image Processor *полигр.* RIP-процессор, процессор растрирования изображений **2. Router [Routing] Information Protocol** протокол обмена информацией о маршрутизации

RISC reduced-instruction set chip интегральная микросхема с сокращенным набором команд

RIT rate of information transfer скорость передачи информации

RJE remote job entry дистанционный ввод заданий, отправка заданий с компьютера на компьютер по сети

RK reset key клавиша перезагрузки (*системного блока компьютера*)

RL 1. radio link радиолиния, линия радиосвязи **2. radiolocation** радиолокация **3. reference list** список ссылок

RLA remote loop adapter удаленный адаптер линии связи

RLAP Radio-Data Link Adapter Protocol протокол адаптера радиолинии передачи данных

RLC run-length coding кодирование со скачущей длиной (*слова*)

RLGM remote loop group multiplexer аппаратура уплотнения группы каналов от удаленных абонентов

RLL 1. radio local loop местная радиолиния **2. run-length limited (code)** код ограниченной длины

RLP Radio Link Protocol протокол работы радиолинии

RLSD received line signal detector детектор принимаемого линейного сигнала

RM 1. reference manual справочное руководство **2. route manager** руководитель отдела трасс радиосвязи (*Американской лиги радиосвязи*)

RMA 1. Radio Management Association Ассоциация радиопромышленников **2. random multiple access** произвольный коллективный доступ

RMC remote multiplexer combiner аппаратура объединения и уплотнения каналов от удаленных абонентов

RMI radio-magnetic indicator радиомагнитный индикатор

RMM read-mostly memory полупостоянное запоминающее устройство, полупостоянное ЗУ

RMON remote monitoring дистанционный мониторинг

RMS remote-measurement system система дистанционных измерений

rms root-mean-square среднеквадратичное значение

RMSE root-mean-square error среднеквадратичная ошибка

RMT ring management управление кольцом (*сети*)

rmt remote дистанционный, удаленный

RMW read-modify-write операция «считывание – изменение – запись»

RN 1. radionavigation радионавигация **2. radio noise** высокочастотный шум, ВЧ-шум; радиопомехи **3. remote node** дистанционный узел **4. ring network** кольцевая сеть

RNC remote-network controller дистанционный сетевой контроллер

RNF receiver-noise figure коэффициент шума приемника

RNSS radionavigation satellite service радионавигационная спутниковая служба

RNZ return-on-no-zero схема двоичного кодирования с инверсией при завершении кодовой записи нулем

RO 1. receive only *тлф* приемный терминал **2. ringing oscillator** генератор вызывного тока

ROA recognized operating agency служба вещания *или* доставки сообщений, признанная Международным союзом электросвязи (*Женевская конвенция МСЭ, 1992*)

RODAS remote oceanographic data acquisition system дистанционная система сбора океанографических данных

ROES receive-only earth station приемная земная станция

ROM read-only-memory постоянное запоминающее устройство, ПЗУ

ROS read-only storage постоянное запоминающее устройство, ПЗУ

ROSA recording optical spectrum analyzer записывающий оптический спектроанализатор

ROSE Remote-Operations Service-Element (Protocol) протокол дистанционного управления приложениями связи с выдачей отчета по запросу

ROTS rotary out-trunk switch *тлф* поворотный исходящий искатель соединительной линии

RP 1. remote point удаленная точка (*об интерфейсе*) **2. resolving power** разрешающая способность

RPC 1. remote-position control дистанционное управление, ДУ, телеуправление **2. remote procedure call** процедура дистанционного вызова

RPC #1 Radio Paging Code № 1 протокол пейджинговой связи №1

RPG 1. random-pulse generator генератор случайных импульсов **2. remote program generator** генератор программных отчетов

RPIU remote position interface unit блок удаленного абонента

rpm revolutions-per-minute оборотов в минуту

rps revolutions-per-second оборотов в секунду

RQS request speech речевой сигнал запроса

RR 1. repetition rate частота следования (*импульсов*) **2. reverse relay** реле обратного тока

RRA round-robin assignment цикличное предоставление каналов (*в порядке общей очереди*)

RRB Radio Regulations Board Совет по регулированию радиосвязи (*Международного союза электросвязи*)

RRC Regional Radiocommunication Conference Региональная конференция сектора радиосвязи (*Международного союза электросвязи*)

RRL radio-relay link радиорелейная линия, РРЛ

RRP Resource Reservation Protocol протокол резервирования ресурсов

RRS radio-relay station радиорелейная станция, РРС

RS 1. radio station радиостанция **2. recommended standard** рекомендованный стандарт (*Ассоциации электронной промышленности*) **3. Reed-Solomon (code)** код Рида – Соломона **4. relay selector** *тлф* релейный искатель **5. remote station** удаленная станция **6. resynchronizing state** состояние ресинхронизации **7. ringing set** звонковое (вызывное) устройство **8. rotary switch** 1. поворотный выключатель 2. поворотный переключатель

RSA Rivest, Shamir & Adleman (encryption) шифрование методом Ривеста, Шамира и Адлемана

RSC remote switching center дистанционный центр коммутации

RSG 1. Radiocommunication Sector Group сектор радиосвязи Международного союза электросвязи **2. Radiocommunication Study Group** исследовательская комиссия радиосвязи

RSGB Radio Society of Great Britain Радиообщество Великобритании

RSI right-scale integration оптимальная степень интеграции

RSL 1. radio signaling link радиолиния **2. Radio Standard Laboratory** Лаборатория радиостандартов (*Национального бюро стандартов США*) **3. received-signal level** уровень принятого сигнала

RSOH regenerator-section overhead секционный заголовок регенератора (*линии связи*)

RSRE Royal Signal(s) and Radar Establishment Королевский институт радиолокации и связи (*Великобритания*)

RSS radio subsystem подсистема радиооборудования

RSSI received-signal strength indication индикация уровня принимаемого сигнала

RST, rst reset 1. повторная установка 2. сброс на «0»

RSU remote switching unit блок дистанционной коммутации

RT 1. radio telephony радиотелефония **2. real time** реальное время **3. remote terminal** удаленный терминал **4. remote tripping** телеотключение, дистанционное отключение **5. resistance thermometer** термометр сопротивления

R/T 1. real time реальное время **2. receive/transmit** прием – передача **3. reperforator/transmitter** телетайпное устройство

RTAM remote terminal access method дистанционный терминальный метод доступа

RTC 1. real-time clock 1. часы реального времени 2. генератор импульсов реального времени **2. receiver transfer characteristic** передаточная характеристика **3. remote terminal concentrator** концентратор удаленных терминалов

RTCE real-time channel evaluation оценка канала в реальном времени

RTD resistive temperature detector резистивный датчик температуры

RTDC Regional Telecommunication Development Conference региональная конференция по развитию электросвязи (*Международного союза электросвязи*)

RTF rich-text format RTF-формат, формат необработанного текста

RTI 1. receiver transfer improvement коэффициент улучшения передаточной характеристики приемника **2. remote terminal identification** определение номера удаленного терминала

RTL resistor-transistor logic резисторно-транзисторная логика

RTOS real-time operating system операционная система реального времени

RTP 1. real-time processing обработка данных по мере поступления, обработка данных в реальном масштабе времени **2. real-time protocol** протокол реального времени **3. remote-transfer point** удаленный пункт передачи данных

RTR ready-to-receive готовность к приему данных

RTS 1. request-to-send запрос на передачу **2. Royal Television Society** Королевское телевизионное общество (*Великобритания*)

RTSA real-time signal analyzer анализатор сигналов в реальном времени

RTSU remote-terminal subscriber unit дистанционный абонентский терминальный блок

RTT(W) radioteletype(writer) радиотелетайп

RTX request-to-transmit запрос на передачу

RTU 1. remote-telemetry unit удаленный телеметрический блок **2. remote terminal unit** удаленный [выносной] терминал

RTV real-time video видеосредства реального времени

RTZ return-to-zero запись с возвращением к нулю

RU replaceable unit быстросменный блок

RVA reactive volt-ampere реактивный вольт-ампер, вар

RW regenerated wave регенерированная [восстановленная] волна

RWD rewind обратная перемотка

RWI radio-wire integration интеграция радио- и проводных средств связи

RWM read-write memory оперативное запоминающее устройство, ОЗУ

RX 1. receive принимать; получать **2. receiver** 1. приемник, накопитель 2. радиоприемное устройство, РПрУ 3. ресивер (*системы спутникового телевидения*) 4. пульт охраны **3. retransmit** ретрансляция **4. retransmitter** ретранслятор

RXD received data принятые данные

RZ return-to-zero (запись) с возвратом к нулю

S

S 1. search поиск ‖ искать **2. secondary** вторичный (*об обмотке*) **3. side** сторона (*связи*) **4. siemens** сименс, С **5. source** 1. источник 2. исток (*полевого транзистора*) 3. исходный код **6. speed** 1. скорость (*передачи данных*) 2. быстродействие 3. производительность (*компьютера*) 4. частота вращения (*шпинделя жесткого диска*) **7. switch** 1. выключатель, переключатель 2. соединитель (*коммутационного прибора*), многократный координатный соединитель, МКС 3. *тлф* искатель **8. synchronoscope** синхроноскоп

SA 1. section adaptation адаптация участка [секции] (*линии связи*) **2. service ability** *тлф* доступность абонентских услуг **3. source address** адрес источника

SAC single-attachment concentrator концентратор с одинарным подключением

SACCH slow associated control channel медленный совмещенный канал управления, МСКУ

SACCH/Cn slow associated control channel/n channels медленный канал управления [МКУ], совмещенный с индивидуальным каналом управления, состоящим из n подканалов

SACCH/TF slow associated control channel/full(-rate) traffic медленный канал управления [МКУ], совмещенный с каналом для передачи сообщений с полной скоростью

SACCH/TH slow associated control channel/half(-rate) traffic медленный канал управления [МКУ], совмещенный с каналом для передачи сообщений с половинной скоростью

SAD safe-area display функция выделения защитной зоны экрана

SAF-DI supervisor and fault-diagnostic indicator диагностическая система индикации неисправностей

SAM 1. sequential-access memory запоминающее устройство с последовательным доступом, ЗУ с последовательным доступом **2. sequential-access method** последовательный метод доступа

SAMBA system for advance mobile broadband applications система усовершенствованных широкополосных мобильных применений

SAN 1. small-area network малая локальная сеть **2. storage-area network** сервер-хранилище данных **3. switched-analog network** коммутируемая аналоговая сеть

SANTA systematic analog network testing approach систематический метод тестирования аналоговых схем

SAOS single attempt in one shot одна попытка вызова в одном сеансе связи

SAP 1. service-access point точка доступа к службе **2. Services Advertising Protocol** протокол представления служб

SAR specific absorption rates специфическая норма поглощения (*МВ-излучения*)

SARM set asynchronous response mode установление режима асинхронного ответа

SARS segmentation-and-reassembly sublayer подслой сборки/разборки (*пакетов*)

SARSAT search-and-rescue satellite aided tracking спутниковая поисково-спасательная система, САРСАТ

SARTS switched-access remote test system система дистанционного контроля с коммутируемым доступом

SAS 1. single-attachment station станция (связи) с одиночным присоединением **2. statistical analysis system** система статистического анализа

SAT 1. site-acceptance test приемосдаточные испытания **2. supervisory audio tone** SAT-сигнал, специальный контрольный сигнал **3. synchronous/asynchronous transmitter** синхронно-асинхронный передатчик

SAU secure access unit устройство защиты от несанкционированного доступа

SAW 1. stop-and-wait (protocol) протокол передачи информации с паузой и ожиданием **2. surface acoustic wave** поверхностная акустическая волна, ПАВ

SAWDL surface acoustic wave delay line линия задержки на поверхностных акустических волнах, линия задержки на ПАВ

SB 1. Schottky barrier барьер Шоттки **2. simultaneous broadcast** одновременная трансляция программы несколькими станциями **3. stabilized breakdown** устойчивый пробой **4. switchboard** 1. коммутационная панель; коммутационное поле; наборное поле 2. *тлф* коммутатор

SBA shaped-beam antenna антенна с профилированной диаграммой направленности

SBAW shallow-bulk acoustic wave приповерхностная объемная акустическая волна

SB-DPCM sub-band (adaptive) differential pulse-code modulation подполосная адаптивная импульсно-кодовая модуляция, АДИКМ

SBR storage buffer register регистр буферной памяти

SBS Satellite Business System спутниковая система бизнес-связи, коммерческая ССС

SC 1. sectional center *тлф* зональная междугородняя станция **2. semiconductor** полупроводник **3. service center** сервис-центр **4. service channel** служебный канал **5. session control** управление сеансом связи **6. single-cable** однокабельный **7. supervisory control** дистанционное управление, телеуправление **8. suppressed carrier** подавленная несущая **9. switched capacitor** переключаемый конденсатор **10. switching cell** коммутирующий элемент

sc semiconductor полупроводник

s/c short circuit короткое замыкание

SCA Subsidiary Communication Authorization Регламент Федеральной комиссии связи на ЧМ-вещание в системах озвучивания и звукоусиления (*США*)

SCAN switched-channel automatic network автоматическая сеть с коммутируемыми каналами

SCART унифицированный 21-контактный соединитель типа «Скарт»

SCC 1. space-communications center космический центр связи **2. specialized common-carrier** специализированная служба передачи данных общего пользования **3. switched-control center** центр управления коммутацией **4. system-communication controller** системный коммуникационный контроллер, СКС

SCCD surface(-channel) charge-coupled device прибор с зарядовой связью с поверхностным каналом, ПЗС с поверхностным каналом

SCCP signaling connection control part подсистема управления соединением для передачи данных

SCDM syllabically-companded delta modulation дельта-модуляция со слоговым компандированием

SCDR symmetrical component distance relay дистанционное реле из симметричных компонентов

SCEG Speech Coding Expert Group экспертная группа по речевому кодированию

SCF 1. selective call forwarding ретрансляция избирательного вызова **2. service control function** функция управления услугой

SCFM subcarrier-frequency modulation частотная модуляция поднесущей

SCH synchronous channel канал синхронизации

SCI 1. scaleable coherent interface масштабируемый когерентный интерфейс (*с поддержкой скорости передачи данных до 1 Гбит/с*) **2. single-channel interface** одноканальный интерфейс **3. status control interface** интерфейс управления статусом

SCIA second-channel interference attenuation избирательность по каналу, следующему за соседним

SCIS survivable communications integrations system интегральная система (связи) с повышенной живучестью

SCL Schottky-coupled logic транзисторно-транзисторные логические схемы с диодами Шоттки

SCM 1. sections communication manager руководитель секции (*Американской лиги радиосвязи*) **2. subcarrier multiplexing** уплотнение поднесущей

SCN 1. scanner 1. сканер, прибор для считывания оригиналов с их последующей электронной обработкой на компьютере 2. развертывающее устройство 3. блок сканирования факсимильного аппарата **2. switched-circuit network** сеть с коммутацией каналов

SCP 1. service control part подсистема управления обслуживанием (*системы связи*) **2. service control point** узел управления обслуживанием

SCPC single channel per carrier один канал на несущую (*напр. о системе спутниковой связи*)

SCR 1. selective chopper radiometer селективный модуляционный радиометр **2. semiconductor-controlled rectifier** полупроводниковый выпрямитель **3. signal-to-clutter ratio** отношение сигнал – мешающие отражения **4. silicon-controlled rectifier** тринистор, триодный тиристор **5. system-clock reference** *тлв* временная метка синхронизации декодера программного потока

SCS 1. satellite communication system система спутниковой связи, ССС **2. silicon-controlled switch** тетродный тиристор

SCSI small computer system interface SCSI-интерфейс, интерфейс малых компьютерных систем

SCSR single-channel signaling rate скорость одноканальной передачи данных

SCTL Schottky-coupled transistor logic транзисторно-транзисторные схемы с диодами Шоттки

ScTP screened twisted pair экранированная скрученная пара (*проводов*)

SD 1. security domains области безопасности **2. space division** пространственное разделение **3. start delimiter** удалитель стартового маркера **4. start divider** начальный разделитель (*пакета*)

SDC serial-data controller последовательный контроллер данных

SDCCH stand-alone dedicated control channel индивидуальный канал управления

SDCCH/n stand-alone dedicated-control channels индивидуальный канал управления, состоящий из n подканалов

SDDI serial digital data interface последовательный цифровой интерфейс передачи данных

SDF 1. service-data function функция данных обслуживания **2. synchronous data flow** синхронный поток данных **3. system-data format** формат системных данных

SDH synchronous digital hierarchy синхронная цифровая иерархия

SDI serial digital interface последовательный интерфейс для поточной передачи цифрового сигнала стандарта 4:2:2 разрядностью 10 бит со скоростью 270 Мбит/с по одноканальному соединению

SDL 1. specification-and-description language язык описаний и спецификаций **2. syntactic descriptive language** синтаксический описательный язык

SDLC synchronous data-link control управление синхронной передачей данных

SDM 1. space-division multiplexing пространственное разделение каналов **2. statistic(al) delta-modulation** статистическая дельта-модуляция

SDMA space-division multiple access многостанционный доступ с пространственным разделением каналов

SDN 1. software-defined network программно-определяемая сеть **2. synchronous digital network** сеть синхронной цифровой передачи

SDP service-data point узел данных обслуживания

SDSL symmetrical digital subscriber line симметричная цифровая абонентская линия

SDT service description table таблица описания службы

SDTP server data transmission process процесс серверной передачи данных

SDTS satellite data-transmission system спутниковая система передачи даннных

SDTV standard definition television традиционная телевизионная система, традиционная ТВ-система (*об NTSC*)

SDU service-data unit блок служебных данных

SDV serial digital video цифровой последовательный видеостык

SDVD simultaneous digital voice and data одновременная передача цифровых речевых сигналов и данных

SE 1. sound effects звуковые эффекты **2. spurious emission** паразитное излучение **3. support entity** система поддержки GSM-стандарта

SEAL simple-and-efficient adaptation level уровень простой и эффективной адаптации (*режима асинхронной передачи*)

SEC 1. secondary-emission conductor проводник со вторичной эмиссией **2. section-emergency coordinator** руководитель отдела аварийной связи (*секции Американской лиги радиосвязи*)

sec 1. second секунда, с **2. secondary** вторичный (*напр. об обмотке*)

secal selective calling *тлф* избирательный вызов

SECAM (Système) séquentiel couleurs à mémoire СЕКАМ, система цветного телевидения, основанная на последовательном воспроизведении и считывании цветов с их запоминанием

SECL symmetrically emitted coupled logic логические схемы с симметричными логическими связями

SECO self-regulating error correction coder-decoder саморегулирующийся кодер-декодер с исправлением ошибок

seco sequential control последовательная система управления телетайпной связью

SECOMS satellite EHF-communications for mobile services спутниковая связь в КВЧ-диапазоне для мобильных мультимедийных услуг

secon secondary electron-conduction orthicon секон

SECTEL secure telephone телефонный аппарат с защитой от прослушивания

SEE secondary electronic emission вторичная электронная эмиссия

SEEP stimulated-emission of energetic particles стимулированная передача энергии частиц

SEF support-entity function функция системы поддержки GSM-стандарта

SEG special effects generator генератор специальных эффектов, генератор спецэффектов

SEI standard-entry interface стандартный интерфейс ввода данных

SELCAL selective calling (system) *тлф* система избирательного вызова

SEM 1. secondary electronic multiplier вторичный электронный умножитель **2. standard electronic module** стандартный электронный модуль

SEMF synchronous equipment management function функция управления оборудованием синхронизации

SENET slotted-envelope network сеть с распределенными временными интервалами приема и передачи

SEP signaling-end point оконечный пункт сигнализации

SER 1. sequence of events recording регистрация последовательности событий **2. signal-to-error ratio** отношение сигнал – ошибка

SES satellite-earth station земная станция спутниковой связи

SET Secure Electronic Transactions технология безопасных электронных транзакций

SETAR serial event timer-and-recorder устройство хронирования и записи последовательных событий

SEVAS secure voice-access system защищенная система связи с доступом по паролю, вводимому голосом

SEW surface electromagnetic wave поверхностная электромагнитная волна, поверхностная ЭМВ

SF 1. safety fuse плавкий предохранитель **2. single-frequency** одночастотный (*о сигнализации*) **3. spatial wave** пространственная волна **4. store-and-forward** запоминание (факсов) с последующей ретрансляцией

S-F store-and-forward запоминание принятых (факсимильных) сообщений с последующей их ретрансляцией

SFC static frequency changer статический преобразователь частоты

SFD store-and-forward deadlock блокировка из-за перегрузки в аппаратуре промежуточного накопления информации

SFET synchronous frequency encoding technique технология синхронного кодирования частоты

SFH slow frequency hopping использование медленных скачков частоты в сеансе связи

SFL substrate-fed logic логическая схема с питанием через подложку

SFS store-and-forward switching коммутация с промежуточным запоминанием

SFTP shielded foil twisted pair скрученная пара, экранированная фольгой (*о проводах*)

SG 1. screen greed экранирующая сетка **2. Study Groups** исследовательские группы секторов Международного союза электросвязи

SGDF supergroup distribution frame коммутационный щит вторичной группы (*каналов*)

SGEMP system generated EMP электромагнитный импульс, излучаемый системой

SH subharmonic субгармоника

S/H sample-and-hold дискретизация с запоминанием отсчетов

SHARES shared resources программа совместного использования эфира

SHCRT short-circuit короткое замыкание, КЗ

SHD second-harmonic distortion искажение на второй гармонике

SHF superhigh frequency сверхвысокая частота, СВЧ

SHG second-harmonic generation генерация второй гармоники

SHIC superhigh-speed integrated circuit сверхскоростные интегральные схемы, сверхскоростные ИС

SHM simple-harmonic motion незатухающие гармонические колебания

SHN self-healing networks сети связи с самодиагностикой

SHS Super Hybrid System гибридная суперсистема связи (*фирмы Panasonic*)

SHW superhighway супертракт

SI 1. International System of Units Международная система единиц, СИ **2. sample interval** интервал выборки **3. service information** служебная информация **4. shift-in (character)** 1. символ кода передачи данных, используемый для включения очередного символа в текущий набор 2. переход на нижний регистр

SIA 1. Satellite Industry Association Ассоциация промышленности спутников связи **2. serial interface adapter** устройство сопряжения с последовательным вводом данных

SIC 1. semiconductor integrated circuit полупроводниковая интегральная схема, полупроводниковая ИС **2. silicon integrated circuit** кремниевая ИС **3. station identification code** опознавательный код станции связи **4. system interconnection** межсистемное соединение (*УАТС фирмы Panasonic*)

SID sudden-ionospheric disturbance внезапное ионосферное возмущение

SIDF system-independent data format системно-независимый формат данных

SIF 1. service information field поле служебной информации **2. standard interface** стандартный интерфейс

sig signal 1. сигнал || сигнализировать 2. импульс 3. сигнальная лампа

SIM 1. simulation 1. имитация 2. моделирование **2. simulator** 1. имитатор 2. модель **3. subscriber-identity module** модуль подлинности абонента, SIM-карта

SIMM single-in-line memory module модуль памяти с однорядным расположением интегральных микросхем, SIMM-модуль

SIMOP simultaneous operation одновременная работа

SINUS satellite integration into network for UMTS интеграция системы спутниковой связи в универсальную мобильную телекоммуникационную сеть

SIO 1. serial input/output последовательный ввод-вывод **2. system input/output** системный ввод-вывод

SIS 1. sound-in-sync *тлв* передача звука в строчных интервалах гашения **2. superconductor-insulator-superconductor** структура сверхпроводник – диэлектрик – сверхпроводник

SISAM interferometric spectrometer with selection by amplitude of modulation Фурье-спектрометр с селекцией по амплитуде модуляции

SISO 1. serial input/serial output последовательный ввод-вывод **2. single-input, single-output** устройство с одним входом и одним выходом

SISP surface imaging and sounding package комплект аппаратуры для зондирования и формирования изображения поверхности земли

SIU subscriber interface unit абонентский интерфейсный блок

SJR signal-to-jam ratio отношение сигнал – преднамеренная помеха

SL 1. square-law квадратичный закон **2. synchronization layer** слой синхронизации (*модели взаимодействия открытых систем*)

SLA storage logic array матрица запоминающих логических элементов

SLC 1. sidelobe cancellation подавление сигналов, принимаемых по боковым лепесткам **2. sidelobe clutter** мешающие эхо-сигналы, принимаемые по боковым лепесткам **3. subscriber loop carrier** *тлф* абонентский шлейф **4. system life cycle** жизненный цикл системы

SLD 1. subscriber line data *тлф* информация от абонентской линии **2. superluminescent diode** суперлюминесцентный диод

SLE 1. spliceless editing монтаж без разрезания ленты **2. subscriber-line equipment** *тлф* станционный абонентский комплект

SLIC subscriber-line interface circuit *тлф* стык с абонентской линией

SLINK serial LINK последовательная линия связи

SLIP Serial-Line Internet-Protocol межсетевой протокол для последовательного Интернет-канала связи

SLL sidelobe level уровень боковых лепестков диаграммы направленности антенны

SLM 1. sound-level meter шумомер, измеритель уровня шума **2. spatial-light modulator** пространственный модулятор света, ПМС; управляемый транспарант

SLR sidelobe ratio относительный уровень боковых лепестков (*диаграммы направленности антенны*)

SLS sidelobe suppression 1. подавление боковых лепестков 2. подавление помех, принимаемых по боковым лепесткам

SLSI superlarge-scale integration 1. ультравысокая степень интеграции 2. ультрабольшая интегральная схема, УБИС

SLT single-line telephone однолинейный аналоговый телефонный аппарат

SLTF shortest-latency-time-first дисциплина обслуживания, при которой абонент с наименьшим временем ожидания обслуживается первым

SM 1. scanning mode режим сканирования **2. scattering matrix** матрица рассеяния **3. single-mode** одномодовый (*об оптоволокне*) **4. stepping motor** шаговый двигатель

SMA 1. subminiature A-connector сверхминиатюрный радиочастотный оптоволоконный A-разъем **2. system monitoring architecture** структура системного контроля

SMACS satellite multiple access communication system система спутниковой связи с многостанционным доступом

SMATV Satellite Master Antenna Television ТВ-система с антенной для приема передач со спутников на геостационарных орбитах

SMB system-message block блок серверных сообщений

SMC slow-motion controller контроллер замедленного воспроизведения (*видеофонограммы*)

SMCC satellite-marine communication center центр морской спутниковой связи, ЦМСС

SMDL standard music description language стандартный язык описания музыки

SMDR station-message detail recording (компьютерная) регистрация поступающих/исходящих вызовов на АТС

SMDS 1. switched multimedia data service служба мультимедийных данных с коммутацией каналов **2. switched multimegabit data service** служба высокоскоростной передачи данных с коммутацией каналов

SMEF standard media exchange framework инфраструктура стандартного мультимедийного обмена

SMF 1. mixed-field saticon сатикон-дефлектрон **2. single-mode fiber** одномодовое оптоволокно

SMPS switched-mode power supply импульсный источник электропитания

SMPTE Society of Motion Picture and Television Engineers Общество инженеров кино и телевидения (*США*)

SMR specialized mobile radio специализированная система подвижной радиосвязи

SMS short-message service служба коротких сообщений

SMTO Submillimeter Telescope Observatory радиообсерватория на базе радиотелескопа субмиллиметрового диапазона

SMTP Simple Message Transfer Protocol простой протокол передачи сообщений (*в Интернете*)

S/N signal-to-noise (ratio) отношение сигнал – шум

SNA 1. steerable null antenna антенна с управляемым положением нуля диаграммы направленности **2. system network architecture** сетевая архитектура (компьютерной) системы

SNAC subnetwork access доступ к подсети

SNAP 1. Standard Network Access Protocol стандартный протокол доступа к сети **2. Sub-Network Access Protocol** протокол доступа к подсети

SNCH synthetic-natural hybrid coding гибридное синтетическое и естественное кодирование

SNDNDR signal-plus-noise-plus-distortion-to-noise-plus-distortion ratio отношение суммы сигнала, шума и искажений к сумме шума и искажений

SNI standard network interface стандартный сетевой интерфейс

SNMP Simple Network Management Protocol простой протокол сетевого управления

(S+N)/N signal-plus-noise-to-noise (ratio) отношение суммы сигнала и шума к шуму

SNR signal-to-noise ratio отношение сигнал – шум

SNRM Set Normal Response Mode установление режима нормального ответа (*об автоответчике*)

SO 1. shift-out возврат на регистр строчных букв (*при отпускании клавиши Shift*) **2. switching office** коммутационная телефонная станция

SOC space operations center орбитальный центр управления полетом

SOCAM source synchronized access method синхронный метод доступа к источникам информации

SOE sequence of events последовательность сообщений

SOH 1. section overhead секционный заголовок, заголовок участка **2. start-of-header** сигнал «начало заголовка»

SOM start-of-message (character) символ «начало сообщения»

sonar sound navigation and ranging сонар

SONB sonobuoy радиогидроакустический буй

SONET synchronous optical network синхронная оптическая сеть (*связи*)

SONOC synchronous optical network optical carrier сеть синхронной передачи с волоконно-оптическим носителем

SOR start-of-record (signal) сигнал «начало записи»

SOS 1. secure operating system операционная система с защитой информации **2. silicon-on-sapphire (structure)** структура «кремний на сапфире»

SOSIM standard open system interaction model эталонная модель взаимодействия активных систем

SP 1. shift pulse импульс сдвига **2. space character** символ пробела **3. spontaneous polarization** спонтанная поляризация **4. switching pulse** коммутирующий импульс

S/P, S-P serial-parallel последовательно-параллельный

SPA superregenerative parametric amplifier сверхрегенеративный параметрический усилитель

SPEC 1. specification спецификация **2. speech predicative encoding communication** речевая связь с кодированием и предсказанием

specs specifications технические условия, ТУ; технические требования, ТТ

specssheet specifications sheet технические характеристики

SPESS stored-program electronic switching system система электронной коммутации с микропрограммным управлением

SPF shortest-path-first маршрутизация по первому кратчайшему пути

SPG sync-pulse generator генератор синхроимпульсов

spkr speaker 1. *проф.* динамическая головка, громкоговоритель 2. *проф.* колонка, акустическая система 3. диктор 4. говорящий абонент

SPL 1. samples-per-line число отсчетов в строке **2. sound-pressure level** уровень звукового давления

SPM scratch-pad memory сверхоперативное запоминающее устройство, сверхоперативное ЗУ

SPN subscriber-protected network сеть с защитой от несанкционированного доступа

SPPA single-pumped parametric amplifier параметрический усилитель с одночастотный накачкой

SPST single-pole single-through (switch) однополюсный выключатель

SPX, spx 1. sequenced-packet exchange последовательный обмен пакетами (*на уровне 4 сетевого программного обеспечения*) **2. simplex** симплексная [односторонняя] радиосвязь

SQE signal-quality error ошибка категоризаций сигнала (*Ethernet*)

SQID superconducting quantum interference device сверхпроводящий квантовый интерференционный датчик, СКВИД

SQNR signal-to-quantization noise ratio отношение сигнал – шум квантования

SR 1. shift register 1. регистр сдвига 2. переключение регистра **2. speech recognition** преобразование речи **3. storage register** регистр запоминающего устройства, регистр ЗУ **4. symbol rate** скорость передачи символов

S/R send-and-receive *тлг* (перфо)лента

sr steradian стерадиан, ср

SRAM static random-access memory статическое ЗУПВ, статическое запоминающее устройство с произвольной выборкой

SRB source-route bridging мостовая передача с маршрутизацией от источника

SRE series relay последовательное реле

SRF 1. self-resonant frequency собственная частота колебаний **2. status report frame** кадр сообщения о состоянии

SRG shift-register generator генератор сдвига регистра

SRM system-resources manager администратор сетевых ресурсов

SRN slotted-ring network кольцевая локальная сеть с квантованной передачей

SRNR signal-to-reference-plus-noise ratio отношение сигнала к сумме сигнала и шума

SRP Source Routing Protocol протокол маршрутизации от источника

SRS 1. second-room system выход (главного усилителя) для подключения дополнительного усилителя (*устанавливаемого в другом помещении*) **2. stimulated Rayleigh scattering** вынужденное релеевское рассеяние

SRT source route transport перенос данных по маршруту от источника (*в кольцевой сети передачи данных*)

SS 1. Secret Sam (antenna) антенна модели *Secret Sam* **2. single side(band)** с одной боковой полосой, однополосный (*о системе передачи*) **3. spread spectrum** расширенный спектр **4. steel store** накопитель неподвижных изображений **5. subscriber set** абонентский телефонный аппарат, абонентский ТФА **6. switching state** режим коммутации, состояние коммутации **7. switching surge** коммутационное перенапряжение **8. synchronous scrambling** синхронное скремблирование

ss 1. self-shielding самоэкранирование **2. standard station** обозначение радиостанций службы стандартных частот (*Международного союза электросвязи*) **3. subscriber set** абонентский телефонный аппарат

SS7 signaling system 7 система сигнализации по общему каналу №7

SSB single sideband с одной боковой полосой, однополосный (*о системе передачи*)

SSBSC single-sideband suppressed carrier (transmission) однополосная система передачи с подавленной несущей

SSBN Single-Sideband Network национальная организация операторов сетей однополосной передачи данных

SSBW surface skimming bulk wave приповерхностная объемная волна

SSDA serial synchronous data adapter синхронный адаптер с последовательным вводом данных

SSF service switching function функция коммутации служб

SSFM single-sideband frequency modulation частотная модуляция [ЧМ] с одной боковой полосой

SSG standard signal generator генератор стандартного сигнала, ГСС

SSI solid-state imager твердотельный преобразователь изображения

SSID source station identifier устройство определения номера вызывающей станции

SSIS space station information system информационная система орбитальной станции

SSLP Secure-Socket Layer Protocol протокол (уровня) защищенных сокетов

SSM 1. single segment message односегментное сообщение **2. spread spectrum modulation** модуляция шумоподобным сигналом **3. surface skimming mode** приповерхностная объемная акустическая волна

SSMA 1. satellite-switched multiple access многостанционный доступ с бортовой коммутацией (*о системе спутниковой связи*) **2. spread-spectrum multiple access** система множественного доступа с расширенным спектром

SSN 1. station serial number серийный номер станции связи **2. switched services network** сеть с автоматическим обслуживанием через коммутационные АТС

SSO subsynchronous oscillation подсинхронные колебания

SSP 1. service switching point пункт коммутации услуг связи **2. steady state pulse** стационарный импульс

SSPA solid-state power amplifier твердотельный усилитель мощности

SSR 1. solid-state relay монолитное реле, реле без движущихся частей **2. standby supply relay** реле резервного питания **3. subsynchronous resonance** подсинхронный резонанс

SSRN spread-spectrum radio network радиосеть с шумоподобными сигналами

SSS 1. self-synchronous scrambling скремблирование с собственной синхронизацией **2. spread spectrum signal** сигнал с расширенным спектром **3. subscriber subsystem** *тлф* абонентская подсистема **4. switching subsystem** подсистема коммутации

SSSS super-space surround system система ввода реверберации с целью создания псевдостереоэффектов при приеме монофонических радиопрограмм

SST Spread-Spectrum Technology техника расширения спектра (*для ослабления взаимных помех*)

SSTV slow-scan television малокадровое телевидение (*с медленной разверткой*)

SSU 1. subsequent signal unit символ, не входящий в сигнальный блок **2. synchronization signal unit** блок сигналов синхронизации

SSUP solid-state uninterruptible power (system) твердотельный источник бесперебойного питания

SSWL switching surge withstand level выдерживаемый уровень импульсов коммутационного перенапряжения

ST 1. Schmitt trigger триггер Шмитта **2. segment type** тип сегмента **3. self-testing** самотестирование **4. sensing tool** контактный датчик-щуп **5. signaling tone** тональный сигнал

STADAN Space Tracking and Data Acquisition Network сеть станций слежения за космическими объектами и сбора информации

STALO, stalo stabilized local oscillator стабилизированный гетеродин

StarLAN star-connected local area network локальная сеть со звездчатой структурой

statmux statistical multiplexer статистический мультиплексор

STC 1. Satellite Television Conference спутниковая телеконференция **2. sensitivity time control** временная автоматическая регулировка усиления, ВАРУ **3. standard transmission code** стандартный код передачи

STD 1. subscriber-trunk dialing *тлф* набор междугородного номера **2. system target decoder** *тлв* гипотетический декодер, эталонная модель декодирования уплотненного двоичного потока

std standard 1. стандарт 2. образец, эталон 3. норма 4. технические условия, ТУ; технические требования, ТТ

STDMA space-time division multiple access многостанционный доступ с пространственно-временным разделением каналов

STFS standard time-and-frequency signal служба сигналов точного времени и частоты

STL 1. standard telegraph level стандартный уровень телеграфной передачи **2. studio-to-transmitter link** телевизионная соединительная линия

STM 1. synchronous transport mode режим синхронной передачи (*данных*) **2. synchronous transport module** модуль синхронной передачи (данных)

STN switched telephone network коммутируемая телефонная сеть

STOR storage 1. хранение; накопление 2. запоминающее устройство, ЗУ

STORM software tool for the optimization of resources in mobile (system) инструментальные программные средства для оптимизации ресурсов мобильных систем

STP 1. shielded twisted pair экранированная витая скрученная пара **2. signaling transit point** транзитный пункт сигнализации **3. signal transfer point** пункт транзитной коммутации сообщений

STR 1. symbol timing recovery восстановление тактовой синхронизации символов **2. synchronous transmitter-receiver** синхронный приемопередатчик

STU secure-telephone unit телефонный аппарат, защищенный от прослушивания

STV subscription television абонентское телевидение

STWP shielded twisted pair экранированная скрученная пара (*проводов*)

STX start-of-text (character) символ «начало текста»

SU 1. signal unit сигнальный блок (*данных*) **2. system unit** системный блок

SUB, sub 1. substitute (character) символ замены **2. subtraction** вычитание

subt subtraction вычитание

SUCOMS superconducting systems for communications сверхпроводящие системы для мобильной связи (*проект*)

superhet superheterodyne receiver супергетеродинный приемник

SURVNET survivable network сеть с повышенной живучестью (*посредством введения резервных каналов*)

SUSS supervisory unit startup/shutdown телемеханический пуск/останов агрегатов

SVC 1. signaling virtual channel виртуальный канал сигнализации **2. supervisory voltage control** телерегулирование напряжения **3. switched virtual circuit** коммутируемый виртуальный канал

svc service 1. служба; работа 2. вид связи

SVD simultaneous-voice-and-data одновременная передача речи и данных

S-VHS super-VHS стандарт аналоговой записи полных видеосигналов на 13-миллиметровую оксидную ленту

SVP surge-voltage protector сетевой фильтр

SW 1. short waves короткие волны **2. standing wave** стоячая волна **3. switch** 1. выключатель, переключатель 2. соединитель (*коммутационного прибора*), многократный координатный соединитель, МКС 3. *тлф* искатель

swbd switchboard 1. коммутационная панель; коммутационное поле; наборное поле 2. *тлф* коммутатор

SWC surge-withstand capability устойчивость к перенапряжениям (*об оборудовании связи*)

SWCF surface wave comb filter гребенчатый фильтр на приповерхностных волнах

SWG sortament-wire gage сортамент проводов

SWIFT Society for World(-wide) Interbank Financial Telecommunications 1. Общество всемирной межбанковской связи 2. СВИФТ, Межбанковская электронная система платежей

SWIR short-wave infrared ИК-область спектра

SWR standing wave ratio коэффициент стоячей волны, КСВ

Sx, sx simplex симплексная [односторонняя] связь

SXS step-by-step switching system шаговая АТС

SYN synchronous(-idle character) символ синхронизации

SYNC 1. synchronization синхронизация **2. synchronizer** синхронизатор **3. synchronous** синхронный **4. synchroscope** синхроскоп, скоростной осциллограф со ждущей разверткой

SYSIN system input 1. вход в систему 2. ввод данных в систему

T

T 1. telecommunication 1. дальняя связь 2. *pl* средства связи 3. *pl* линии связи **2. tera** тера-, T, 10^{12} **3. tesla** тесла, тл (*единица магнитной индукции*) **4. thermocouple** термопара **5. transformer** 1. трансформатор 2. преобразователь **6. trigger** 1. триггер 2. пусковое устройство 3. опрокидывающий импульс **7. turn** виток

TA 1. target 1. мишень электронно-лучевой трубки, мишень ЭЛТ 2. электрод-мишень индикаторной трубки с катодно-лучевой настройкой 3. кусок картона *или* бумаги квадратной *или* прямоугольной формы для проверки пожарного датчика **2. terminal adapter** адаптер терминала **3. traffic announcement** дорожные сообщения (*транслируемые через автомобильный тюнер или магнитолу*) **4. trunk access** доступ к соединительным линиям

TAB tape automatic bonding автосклейка (магнитной) ленты

TAC 1. Television Advisory Committee Консультативный комитет по телевидению **2. terminal-access controller** контроллер доступа к терминалу **3. time-to-amplitude converter** преобразователь время – амплитуда

TACS 1. total access communication system система (сотовой) связи коллективного доступа **2. total area coverage system** полнодоступная система (сотовой) связи

TADS teletypewriter automatic dispatch system автоматическая диспетчерская система стартстопного телеграфирования

TADSS Tactical Automatic Digital Switching System автоматическая тактическая система цифровой коммутации (*США*)

TAI International Atomic Time Международное атомное время

TAM teleprocessing access method метод доступа при дистанционной обработке данных

TAP terminal-access point абонентский пункт

TAPI telephone application programing interface интерфейс прикладного программного обеспечения телефонной связи

TARE 1. telegraph automatic relay equipment автоматическая аппаратура ретрансляции телеграфных сообщений **2. telemetry automatic reduction equipment** аппаратура автоматической обработки телеметрических данных

TASI time-assignment speech interpolation концентрация каналов передачи речи посредством использования естественных пауз в разговоре

TASK traffic-area switching center центр коммутации [ЦК] зоны связи

TAT transatlantic telecommunication (cable) трансатлантический телекоммуникационный кабель

TB time base временная развертка

TBC time-base corrector 1. корректор развертки 2. корректор временных искажений, КВИ

TBS token-bus network локальная сеть с маркерной шиной

TBWP time-bandwidth product база сигнала, произведение длительности сигнала на ширину полосы частот

TC 1. telecine телекинодатчик **2. temperature coefficient** температурный коэффициент **3. terminal controller** контроллер терминала **4. tertiary center** третичный междугородний центр (*связи*) **5. thermocouple** термопара **6. time code** временной код **7. toll center** междугородная телефонная станция **8. transform coding** кодирование с преобразованием **9. transmission control** управление передачей данных **10. trellis coding** решетчатое кодирование **11. trip coil** катушка отключения

TCAM telecommunication access method телекоммуникационный метод доступа

TCAN terminal cluster access network сеть с групповым доступом к оконечной аппаратуре

TCAP transaction capabilities application part подсистема управления возможностями транзакций (*о системе №7 с общим каналом сигнализации*)

TCB trusted computer base совокупность аппаратных и программных средств защиты компьютерной системы от несанкционированного доступа

TCC 1. telecommunication center узел связи **2. telephone country code** *тлф* код страны **3. temperature coefficient of capacity** температурный коэффициент емкости, ТКЕ

TCD time(-split) collision detection обнаружение столкновения пакетов при временном разделении потоков информации

TCF technical-control facility технические средства (*АТС*)

TCG time-code generator генератор временного кода, ГВК

TCH traffic channel канал информационного обмена

TCH/F full-rate traffic channel канал для передачи сообщений с полной скоростью

TCH/FS full-rate traffic channel for speech канал для передачи речи с полной скоростью

TCH/H half-rate traffic channel канал для передачи сообщений с половинной скоростью

TCH/HS half-rate traffic channel for speech канал для передачи речи с половинной скоростью

TCL transistor-coupled logic логические схемы с транзисторными связями

TCM trellis-coded modulation модуляция решетчатым кодом

TCP 1. test-coordination point узел координации тестирования **2. Transmission Control Protocol** протокол управления передачей данных (*уровня 4*)

TCP/IP Transmission Control Protocol/Internet Protocol протокол управления передачей/Интернет-протокол

TCR temperature coefficient of resistance температурный коэффициент сопротивления, ТКС

TCRA telegraph-channel reliability analyzer анализатор надежности телеграфных каналов

TCS trusted computer system автоматизированная информационная система бесперебойной обработки данных

TCSO temperature-compensated signal oscillator генератор сигнала с термокомпенсацией

TCU 1. telecommunication control unit блок управления передачей данных **2. teletypewriter control unit** блок управления телетайпом **3. transmission control unit** блок управления передачей данных

TCVCXO temperature-compensated voltage-controlled crystal oscillator кварцевый генератор, управляемый напряжением с термостабилизацией

TCXO temperature-controlled crystal oscillator кварцевый генератор с термостабилизацией

TD 1. telegraph department телеграфное управление **2. time delay** временная задержка **3. transmission and distribution** передача и распределение **4. transmitter-distributor** *тлг* трансмиттер-распределитель

TDA tunnel-diode amplifier усилитель на туннельном диоде

TDAB Telecommunication Development Advisory Board консультативный совет по развитию электросвязи

TDC 1. total distribution control полностью распределенное управление **2. transparent data channel** прозрачный канал передачи данных

TDCR tone dialing-and-calling receiver приемник тонального набора и вызова, ПТНВ

TDD telecommunication device for the deaf слуховой аппарат

17 Зак. 267

TDDL time-division data link канал передачи данных с разделением времени

TDL 1. tapped-delay line линия задержки с отводами **2. transistor-diode logic** диодно-транзисторная логика, ДТЛ

TDM 1. time-division multiplexer мультиплексор с временным разделением **2. time-division multiplexing** уплотнение с временным разделением

TDMA time-division multiple access многостанционный доступ с временным разделением каналов

TDMS transmission-distortion measuring set устройство для измерения искажений при передаче

TDPS teledata processing system система обработки телеметрических данных

TDR 1. time-domain reflectometer динамический рефлектометр **2. time-domain reflectometry** динамическая рефлектометрия

TDS time-division switching коммутация с временным разделением (*доступа*)

TDT transparent digital transmodulator устройство прозрачного преобразования сигнала спутникового телевидения

TE 1. telemetering equipment телеметрическое оборудование **2. terminal end (point)** абонентское окончание **3. terminal equipment** оконечное оборудование **4. transducer efficiency** коэффициент передачи первичного преобразователя по мощности **5. transverse electric (mode)** поперечная электрическая мода (*в волноводной линии*)

TEA transferred electron amplifier усилитель на диоде Ганна

TEC total-error corrector корректор искажений видеосигнала, КИВ

TED trunk-encryption device шифратор цифровой многоканальной линии (*передачи данных*)

Telco telephone central office центральная АТС

telecast television broadcast ТВ-передача

telecom telecommunication(s) телекоммуникация, дальняя связь

telecon teleconferencing телеконференц-связь

TELNET telecommunication network телекоммуникационная сеть

TELTC telephone time-count отсчет времени телефонного разговора

TELTM telephone timing телефонная синхронизация

TEM transverse electric and magnetic (mode) поперечная электромагнитная мода (*в коаксиальной кабельной линии*)

tempco temperature coefficient температурный коэффициент

TEMS telecommunications management system система управления телекоммуникациями

ten base-T ten base-Terminal стандарт передачи данных в сети *Ethernet* по скрученным парам проводов Международного консультативного комитета по телефонии и телеграфии

TEO transferred-electron oscillator генератор на диоде Ганна

TERN Telecommunication Education Research Network научно-образовательная телекоммуникационная сеть

TETRA Transeuropean Trunked Radio общеевропейская система телефонной связи

TEX 1. tandem exchange узловая телефонная станция **2. telex** телекс

TFD time-and-frequency dissemination передача по радио сигналов точного времени

TFE tetrafluoroethylene тефлон, тетрафторэтилен

TFT 1. thin-film transistor тонкопленочный транзистор **2. time-to-frequency transformation** преобразование время – частота

TFTP Trivial File Transfer Protocol простой протокол передачи файлов

TGC total groove contact полный контакт иглы со стенками канавки записи (*винилового диска*)

TGM trunk-group multiplexer аппаратура уплотнения канальных групп

tgm telegram телеграмма

tgt target 1. мишень электронно-лучевой трубки, мишень ЭЛТ 2. электрод-мишень индикаторной трубки с катодно-лучевой настройкой 3. кусок картона *или* бумаги квадратной *или* прямоугольной формы для проверки пожарного датчика

THD total harmonic distortion полный коэффициент гармоник

therm thermoresistor терморезистор

THF traffic handling facility средства обработки информационного потока

THT token holding timer датчик времени блокировки маркера

THz terahertz терагерц, ТГц

TIA Telecommunication Industry Association Ассоциация предприятий связи (*США*)

TIB tone-in-band тональный сигнал в рабочей полосе (*частот*)

TID touch information display сенсорная информационная дисплейная панель

TIE time-interval error ошибка временного интервала

TIF telephone-influence factor коэффициент помех проводной связи

TIFF tag image file format формат файла тегированного изображения

TIMD transient intermodulation distortion интермодуляционные искажения, обусловленные переходным процессом

TIP terminal interface processor терминальный интерфейсный процессор

TIR 1. total internal reflection полное внутреннее отражение **2. traffic information reply** воспроизведение записанных (на магнитную ленту) дорожных сообщений

TIS telemetry information system телеметрическая информационная система

TL 1. time limit выдержка времени **2. transmission level** уровень передаваемого сигнала **3. transmission line** линия передачи (*данных*)

TLIR time-limited impulse response ограниченная по времени импульсная характеристика

TLP transmission-level point пункт передающей категории

tltr translator 1. *тлв* транслятор-преобразователь 2. программа-транслятор 3. преобразователь 4. конвертор

TLWS trunk line workstation автоматизированное рабочее место оператора магистральной линии

tlx telex телекс

TM 1. tape mark метка на магнитной ленте **2. technical manual** техническое описание **3. temperature monitor** устройство контроля температуры **4. test mode** режим тестирования **5. time modulation** временная модуляция **6. transverse magnetic (mode)** поперечная магнитная мода

TMDE test, measurement and diagnostic equipment контрольно-измерительная аппаратура

TME telemetric equipment телеметрическое оборудование

TMM traffic metering and measurement измерения параметров трафика

TMN telecommunication management [managing] network сеть управления электросвязью

tmn transmission 1. передача данных из одной точки в другую 2. передаваемые данные 3. пропускание 4. коэффициент пропускания

TMO telegraphic money order телеграфное платежное поручение

TMR timer таймер; датчик времени

TMS 1. time-multiplexed switch коммутатор с временным разделением **2. transmission mode selector** селектор мод проходного типа

TMSI temporary mobile subscriber identity временный номер подвижного абонента

tmtr transmitter 1. передатчик; радиопередающее устройство, РпдУ 2. *тлф* микрофон 3. *тлг* трансмиттер 4. сельсин-датчик

TMU 1. timer-multiplexer unit блок таймера-мультиплексора **2. transmission message unit** устройство передачи сообщений

TMUX transmultiplexer преобразователь вида уплотнения каналов

T/N test-tone-to-noise (ratio) отношение испытательный тон – шум

TNA transient network analyzer анализатор переходных процессов в сети

TNC threaded normalized connector стандартный резьбовой соединитель

TNI traffic-noise index индекс транспортных шумов

TO 1. takeoff выделение сигнала звукового сопровождения **2. tandem office** узловая телефонная станция

TOA 1. threshold of audibility порог подавления NTSC-сигнала звукового сопровождения (*для устранения помех приему программ цифрового телевидения*) **2. time of arrival** время прихода (*сигнала*)

TOC television operating center центральная аппаратная телецентра

TOD time-oriented databank банк данных с временной ориентацией

TOM technical operations manager технический руководитель ТВ-передачи

TOMAS testbed of mobile application for satellite стенд проверки мобильных приложений для спутниковой связи

TOT 1. time of transmission время передачи **2. transfer overhead time** время передачи служебных сигналов

TOV threshold of visibility порог подавления NTSC-видеосигнала (*для устранения помех приему программ цифрового телевидения*)

TP 1. tape puncher *тлг* ленточный перфоратор **2. test point** контрольная точка **3. toll point** переговорный пункт

TPC Transaction Performance Council Совет по осуществлению транзакций

TPD 1. tape-punch driver *тлг* контроллер ленточного перфоратора **2. transient protective device** устройство защиты от переходных помех

TPF transaction processing facility оборудование обработки транзакций

TPI, tpi tracks-per-inch дорожек на дюйм

TPM teleprocessing monitor программное обеспечение дистанционной обработки данных

TPON telephone over (passive optical) network телефонная связь по пассивной сети оптической связи

TPR thermoplastic recording термопластичная запись

TPRING token passing RING кольцевая локальная сеть с маркерным доступом

TPWB three-program wire broadcasting трехпрограммное проводное вещание

TPWR teletypewriter телетайп

TR 1. tape recorder магнитофон **2. temperature recorder** регистратор температуры **3. transmit/receive** приемопередача **4. trunk relay** *тлф* реле соединительных линий

Tr transistor транзистор

T-carrier telecommunication carrier обозначение цифровых телекоммуникационных систем

T/R transformer-rectifier выпрямитель-преобразователь

TRA terrestrial radio access наземный радиодоступ

trans 1. transducer (первичный) измерительный преобразователь, датчик **2. transformer** 1. трансформатор 2. преобразователь

TRANSEC transmission security скрытность передачи

TRAPATT trapped(-plasma) avalanche triggered transit(-time diode) лавинно-ключевой диод

TRC transverse redundancy check поперечный контроль избыточности

TRF tuned-radio frequency искомая радиочастота

tri triode триод

TRIMCAP trimming capacitor подстроечный конденсатор

TRI-TAC tri-services tactical средства тактической связи (*США*)

tri-tet triode-tetrode триод-тетрод

TRL transistor-resistor logic резисторно-транзисторная логика, РТЛ

TRN trimming resistive network подстроечная резистивная схема

TRS 1. terminal relay station оконечная релейная станция, ОРС **2. time-reference system** система отсчета времени **3. timing-reference signal** опорный сигнал синхронизации

trs transistor транзистор

TRT token-rotation time время циркуляции вызова (*в сети*)

TRX transceiver приемопередатчик

TS 1. terrestrial station наземная станция **2. time sharing** временное разделение **3. time slot** временной интервал

4. transport stream поток данных **5. tropospheric scattering** тропосферное рассеяние

TSA time-slot assignment распределение временных интервалов

TSAG Telecommunication Standardization Advisory Group Консультативная группа по стандартизации электросвязи (*Международного союза электросвязи*)

TSB Telecommunication-Standardization Bureau Бюро стандартизации электросвязи одноименного сектора Международного союза электросвязи

TSI time-slot interchange взаимообмен временными интервалами

TSK transmission-security key ключ шифрования передаваемых данных

TSL three-state logic тристабильная логика

TSN terminal-sequence number порядковый номер терминала

TSP telecommunication-service priority категоризация услуг при предоставлении связи

TSPS traffic-service point system программа централизованной диспетчеризации трафика

TSR telecommunication service request запрос на предоставление телекоммуникационных услуг

TSS time-sharing system система с временным разделением доступа

TSSI time-slot sequence integrity достоверность приема последовательности в заданном временном интервале

TSUNAMI technology in smart antennas технология интеллектуальных антенн

TT 1. telegraph transfer телеграфный (денежный) перевод **2. teletypewriter** телетайп, стартстопный телеграф **3. traffic terminal** связной терминал

TTD teletype driver контроллер телетайпа

TTG time table generator генератор временной таблицы

TTI transmitting terminal identification определение номера передающего терминала

TTL transistor-transistor logic транзисторно-транзисторная логика, ТТЛ

TTOSS totally transparent optical subscriber system полностью прозрачная сеть абонентской оптической связи (*Нидерланды*)

TTRS transportable transmit-and-receive station возимая земная станция

TTS 1. teletypesetter телетайпсеттер **2. text-to-speech** преобразование «текст – речь» **3. transmission test set** измерительная аппаратура контроля передачи

TTTL transistor-transistor-transistor logic транзисторно-транзисторно-транзисторная логика, ТТТЛ

TTX teletext телетекст

TTY teletype(writer) телетайп

TTY/TDD teletypewriter/telecommunication device for the deaf слуховой аппарат, работающий на принципе телетайпа

TU 1. timing unit блок синхронизации **2. tributary unit** транспортный блок

TUG tributary-unit group группа транспортных блоков, группа блоков передачи данных

TUP telephone-user part подсистема пользователя телефонной связью

TV television 1. телевидение 2. ТВ-приемник

TVC thermal-voltage converter термопреобразователь напряжения

TVG triggered-vacuum gap управляемый вакуумный разрядник, УВР

TVI television interference помехи приему ТВ-программ

TVL television line ТВ-строка, мера разрешающей способности

TVRO television-receive-only земная ТВ-станция

TW 1. teletypewriter телетайпный аппарат **2. traveling wave** бегущая волна

TWO traveling-wave oscillator генератор на лампе бегущей волны, генератор на ЛБВ

TWP traveling-wave phototube фотолампа бегущей волны, фото-ЛБВ

TWPA traveling-wave parametric amplifier параметрический усилитель бегущей волны

TWS teleoperator workstation рабочее место телеоператора

TWT traveling-wave tube лампа бегущей волны, ЛБВ

TWTA traveling-wave-tube amplifier усилитель на лампе бегущей волны, усилитель на ЛБВ

TWX teletypewriter-exchange (service) служба телетайпного обмена

TX 1. telex телекс **2. transaction** транзакция **3. transmission** 1. передача данных из одной точки в другую 2. передаваемые данные 3. пропускание 4. коэффициент пропускания **4. transmitter** 1. *тлг* трансмиттер 2. передатчик; радиопередающее устройство, РпдУ 3. угольный микрофон 4. датчик 5. сельсин

TXD transmitted data передаваемые данные

TXT text текст

U

U *тлв* синий цветоразностный сигнал в системе PAL

UA 1. ultrasonic attenuation затухание ультразвука **2. user agent** агент пользователя (*об абонентской службе*)

UART universal asynchronous receiver/transmitter универсальный асинхронный приемопередатчик

UAX unit automatic exchange блочная АТС

UCA universal communications architecture универсальная коммуникационная архитектура

UCD uniform-call distributor система равномерного распределения вызовов

UCI universal customer interface универсальный абонентский стык

UCS universal communication system универсальная система связи

UCT Universal Coordinated Time всемирное скоординированное время

UDC Universal Decimal Classification универсальная десятичная классификация, УДК

UDF universal disk format универсальный формат компакт-диска

UDP User Datagram Protocol протокол дейтаграмм пользователя (*уровня 4*)

UDTP User Data Transmission Process пользовательский процесс передачи данных

UE unwanted emission паразитное излучение

UF ultrasonic frequency ультразвуковая частота, УЗЧ (*свыше 20 кГц*)

UFC universal format converter *тлв* универсальный преобразователь формата

UHF ultrahigh frequency сверхвысокая частота, СВЧ (*диапазон 300 – 3000 МГц*)

UHQ ultra-high quality система цифровой обработки изображения

UHSI ultra-high-speed integration сверхбыстродействующая большая интегральная схема, сверхбыстродействующая БИС

UI user interface интерфейс пользователя

UIC user interface circuit *тлф* устройство абонентского сопряжения

UJT unijunction transistor однополярный транзистор

U/L uplink линия связи «Земля – ЛА»

ULF ultra-low frequency усилитель низкой частоты, УНЧ

ULS user location service служба определения местоположения абонента (*сотовой связи*)

UMID unique material identification однозначная идентификация материала

UMTS Universal Mobile Telecommunication System универсальная мобильная телекоммуникационная сеть

UNI user-network interface интерфейс «абонент – сеть»

unld unload разгрузка

unserv, unsvc unserviceable необслуживаемый

UP user part абонентская подсистема

UPC universal product code универсальный товарный код

UPID unique program identifier *тлв* уникальный идентификатор программ

UPS uninterruptible power system источник бесперебойного питания, ИБП

UPT Universal Personal Telecommunication (Service) Всемирная служба персональной связи

UR unit record единичная [элементарная] запись

URL universal resource locator универсальный указатель ресурса (*Интернет*)

US unit separator разделитель элементов

USART universal synchronous/asynchronous receiver transmission универсальный синхронно-асинхронный приемопередатчик

USAT ultrasmall aperture terminal терминал со сверхмалой апертурой (*системы спутниковой связи*)

USB 1. universal serial bus универсальная последовательная шина компьютерного интерфейса **2. upper sideband** верхняя боковая полоса

USBUC upper sideband up-converter повышающий преобразователь с выходом на суммарной частоте

USDC United States digital communications цифровые телекоммуникации США

USERID user identification идентификация пользователя

USFS United States frequency standard эталон частоты Национального бюро стандартов США

USI user-interface (system) интерфейс «абонент – система»

USTA United States Telephone Association Американская телефонная ассоциация

USW ultrashort waves ультракороткие волны, УКВ

UT universal time всемирное время

UTC Universal Time Coordinated скоординированное всемирное время

UTCLCK universal transmitter clock синхросигнал универсального передатчика

UTO unijunction transistor oscillator генератор на однопереходном транзисторе

UTP unshielded twisted pair неэкранированная витая пара (*проводов*)

UV ultraviolet ультрафиолетовый, УФ

UVEPROM ultraviolet erasable programmable read-only memory программируемое ПЗУ со стиранием информации ультрафиолетовым лучом

UWD unique word detector обнаружитель синхропакета

UWER unique work error rate вероятность ошибки в синхропакете

V

V 1. *тлв* красный цветоразностный сигнал **2. volt** вольт **3. voltage** напряжение **4. voltmeter** вольтметр

VA 1. value-added с дополнительными услугами (*о сети*) связи **2. video amplifier** видеоусилитель **3. volt-ampere** вольт-ампер, В•А **4. voltampermeter** вольтамперметр

VAC value-added carrier высококачественная арендуемая линия связи

VAD 1. value-added distributor поставщик, интегрирующий систему «под ключ» **2. visual application designer** инструментарий визуальной разработки приложений **3. voice activity detector** детектор активности речи

VADN value-added data network сеть передачи данных с дополнительными (платными) услугами

VAN value-added network сеть с дополнительными услугами

VAR 1. volt-ampere reactive вар **2. varistor** переменный резистор, варистор

VARISTOR variable resistor переменный резистор, варистор

VAS value-added service дополнительные услуги, предоставляемые предприятиями связи

VB variable block блок переменной длины

VBI vertical blanking interval *тлв* двадцать первая строка развертки, видимая телезрителем как черная полоса (*о периоде вертикального обратного хода луча*)

VBR variable bit rate переменная скорость передачи цифровых данных

VBV video buffering verifier *тлв* идеальный ограничительный декодер на выходе кодера

VC 1. video conferencing видеоконференция **2. virtual call** виртуальный вызов **3. virtual circuit** логический канал **4. virtual container** виртуальный контейнер

VCA voltage-controlled amplifier усилитель, управляемый напряжением

VCI 1. virtual-channel identification идентификация виртуального канала **2. virtual channel identifier** идентификатор виртуального канала

VCO voltage-controlled oscillator генератор, управляемый напряжением, ГУН

VCP voice-channel protocol протокол речевого канала

VCR video-cassette recorder кассетный видеомагнитофон

VCXO voltage-controlled crystal oscillator кварцевый генератор, управляемый напряжением

V/D voice/data интеграция речи и данных

VDA video-distribution amplifier усилитель-распределитель видеосигналов

VDC volts direct current постоянное напряжение в вольтах

VDF video frequency видеочастота

VDI 1. variable duration pulse импульс переменной длительности **2. virtual device interface** 1. интерфейс видеоустройств 2. VDI-стандарт **3. voice/data integration** интеграция речи и данных (*для передачи по общему каналу связи*)

VDR voltage-dependent resistor переменный резистор, варистор

VDSL very-high-rate digital subscriber line цифровая абонентская линия с очень высокой пропускной способностью

VDRS vehicular disk reproduction system система звуковоспроизведения с подвижным звукоснимателем и неподвижным виниловым диском

VDT video-display terminal видеотерминал

VDU video [visual] display unit 1. дисплей, монитор 2. индикатор

VED vertical electric dipole вертикальный симметричный вибратор

VESA Video Electronics Standards Association 1. Ассоциация по стандартизации видеоэлектроники 2. VESA-шина, интерфейсная компьютерная шина со скоростью передачи данных до 50 Мбайт/с

vet visual editing terminal *полигр.* редакционный видеотерминал

VF 1. variable frequency переменная частота **2. video frequency** видеочастота **3. voice frequency** тональная частота

VFC 1. video-frequency carrier несущая изображения **2. video-frequency channel** видеоканал **3. voice-frequency carrier** система тонального телеграфирования **4. voice-frequency channel** речевой канал **5. voice-frequency converter** преобразователь «речевой канал – частота» **6. voltage-frequency converter** преобразователь «напряжение – частота»

VFCT voice-frequency carrier telegraph тональная телеграфия

VFD vacuum-fluorescent display вакуумно-люминесцентный дисплей (*сотового радиотелефона*)

VFO variable-frequency oscillator генератор перестраиваемой частоты

VFS virtual file system виртуальная файловая система

VFTG voice-frequency telegraph тональная телеграфия

VGA 1. variable-gain amplifier усилитель с регулируемым усилением **2. video graphic adapter** 1. видеографический адаптер, видеокарта VGA-стандарта 2. стандарт видеографики с максимальным разрешением до 640 X 480 точек/дюйм в 16-ти цветах, либо 320 X 200 точек/дюйм в 256-ти цветах

VGC voice-grade channel телефонный канал

18 Зак. 267

VHD voltage harmonic distortion гармоническое искажение напряжения

VHF very high frequency очень высокая частота, ОВЧ (*диапазон 30 – 300 МГц*)

VHO video-head optimizer оптимизатор тока видеоголовок

VHS video home system 1. бытовой видеомагнитофон 2. формат магнитной видеозаписи с М-образной зарядкой 13-миллиметровой ленты

VHS-C video home system compact видеокассета с 13-миллиметровой лентой

VHSIC very high scale integrated circuit 1. интегральная микросхема [ИМС] с очень высокой степенью интеграции 2. сверхбыстродействующая интегральная микросхема, сверхбыстродействующая ИМС

VI 1. virtual instrument виртуальный инструмент (*о программном обеспечении*) **2. volume indicator** измеритель выхода

VIA 1. versatile interface adapter многофункциональный интерфейсный адаптер **2. virtual interface architecture** архитектура на основе виртуального интерфейса

VINES virtual network software программное обеспечение виртуальной сети

VIP visual, intelligent and personal service служба персональной интеллектуальной визуальной связи

VITC vertical interval time code *тлв* временной полевой код

VITS vertical insertion test signal сигнал испытательной строки

VJ video journalist видеожурналист

VLA very large array большая антенная решетка, большая АР

VLAN very large area network сверхбольшая локальная сеть

VLBI very long baseline interferometer интерферометр со сверхдлинной базой

VLBR very low bit rate очень низкая скорость передачи битов

VLC variable-length code кодирование с переменной длиной (*слова*)

VLDR very low data rate сверхнизкая скорость передачи данных

VLSI very large-scale integration очень большая степень интеграции

VLR visited location register визитный регистр перемещения, ВРП

VM 1. velocity modulation модуляция по скорости **2. voltmeter** вольтметр

V/m volts per meter вольт на метр, в/м

VMD vertical magnetic dipole вертикальный щелевой симметричный вибратор

VME voice-messaging exchange передача речевых сообщений

VMRS voice-message retrieval system система поиска речевых сообщений по запросу

VMS 1. virtual memory system логическое запоминающее устройство, логическое ЗУ **2. voice message system** система передачи речевых сообщений

VNL via-net loss ожидаемые полные потери (*схемы*)

VNLF via-net loss factor коэффициент ожидаемых полных потерь (схемы)

VNMDCS Vehicle Network for Multiplexing and Data Communication Subcommittee Подкомитет автомобильной сети многоканальной связи и передачи данных

vocoder voice coder речевой кодер

VOD video-on-demand предоставление ТВ-канала по требованию (*о службе*)

vodas voice-operated device anti-sing голосовой переключатель «прием – передача»

vogad voice-operated gain-adjusting device голосовой регулятор уровня громкости

VOL volume громкость, уровень громкости

volcas voice-operated loss control and (echo/signaling) suppressor голосовой эхоподавитель

VOW voice orderwire телефонный служебный канал

VOX, vox 1. voice-operated relay реле, управляемое голосом **2. voice operated transmission** передача речевых сообщений

VP 1. velocity of propagation скорость распространения **2. vertical polarization** вертикальная поляризация **3. virtual path** виртуальный маршрут

VPC voltage-to-pulse converter преобразователь напряжение – импульс

VPD variable power divider регулируемый делитель мощности

VPDN virtual private data network частная виртуальная сеть передачи данных

VPI 1. virtual path identification идентификация виртуального канала **2. virtual path identifier** идентификатор виртуального канала (*АТМ-режима*)

VPN virtual private network виртуальная частная сеть

VR 1. variable resistor переменный резистор **2. virtual reality** виртуальная реальность **3. voltage regulation** стабилизация напряжения **4. voltage regulator** регулятор напряжения

VRAM video random-access memory устройство запоминания видеоданных с произвольной выборкой, ВЗУПВ

VRC vertical redundancy check вертикальный контроль избыточности

VRMS volts root-mean-square среднеквадратических вольт

VRO variable reactance oscillator параметрический генератор

VRS 1. video resource server терминал редактирования видеоклипов **2. voice-response system** система видеоотклика

VRT voltage regulator tube электровакуумный стабилитрон

VS vertical scale вертикальная шкала

VSAM virtual storage access method метод доступа к виртуальной памяти

VSAT very-small aperture terminal малый спутниковый терминал

VSB 1. variable-separated band *тлф* изменяемая точка разделения полосы **2. vestigial sideband** частично подавленная боковая полоса (*о системе передачи*)

VSC variable speed control регулирование скорости воспроизведения речевых сигналов

VSCF variable-speed constant-frequency с переменной скоростью и неизменной частотой

VSDM variable-slope delta-modulation дельта-модуляция с переменной крутизной

VSF voice store and forward (system) система запоминания речевых сигналов с последующей их ретрансляцией

VSM vestigial sideband modulation модуляция сигнала с частично подавленной боковой полосой

VSOP VLBI space observatory program программа развертывания космической обсерватории на базе интерферометра со сверхдлинной базой

VSP vehicular speaker phone радиотелефон с возможностью разговора без поднятия трубки (*для удобства вождения автомобиля*)

VSS voice storage system система с накопителем речевых сообщений

VST very small telescope сверхмалый (радио)телескоп

VSWR voltage standing wave ratio коэффициент стоячей волны по напряжению, КСВн

VT 1. vacuum tube электровакуумный прибор **2. video terminal** видеотерминал **3. video transfer** передача изображения с пленки на видеоленту **4. virtual terminal** логический терминал **5. voltage transformer** трансформатор напряжения

VTAM virtual telecommunication access method виртуальный телекоммуникационный метод доступа

VTCS vessel-traffic control system служба управления движением судов, СУДВ

VTO vacuum-tube oscillator ламповый генератор

VTR 1. video-tape recorder кассетный видеомагнитофон **2. video-tape recording** запись на видеокассету

VTU videoteleconferencing unit блок видеоконференцсвязи

VU voice [volume] unit *тлф* мера громкости электрического речевого сигнала

VVR voltage variable resistor переменный резистор, варистор

W

W 1. watt ватт, Вт **2. wattage** потребляемая мощность **3. wattmeter** ваттметр **4. waveguide** волновод **5. wire** провод **6. wireless** беспроводной (*о радиосвязи*) **7. writing** 1. запись; регистрация 2. ввод данных; набивка

WACS wireless access communication system система связи с радиодоступом

WADS wide area data service междугородная служба передачи данных

WAIS Wide Area Information Server всемирный информационный сервер, ВАИС

WAN Worldwide Area Network всемирная сеть связи, ВСС

WAND wireless ATM network demonstrator демонстрационная система беспроводной АТМ-сети

WAP Wireless Application Protocol протокол мобильной интерактивной связи с Интернет

WARC World Administrative Radio Conference Всемирная административная конференция по радиосвязи

WARCCC Worldwide Administrative Radio Conference by Cosmic Communication Всемирная административная конференция по космической радиосвязи, ВАККРС

Watercom water communication (network) сеть морской связи *Watercom* (*США*)

WATS 1. wide-area telecommunication service междугородная телекоммуникационная служба **2. wide-area telephone service** служба междугородной телефонной связи

WATTC World Administrative Telegraph-and-Telephone Conference Всемирная административная конференция по телефонии и телеграфии

Wb weber вебер, Вб

WBA wide-band attenuation широкополосное ослабление

WBDL wide-band data link широкополосный канал передачи данных

WC wide screen широкоэкранный ТВ-формат

WCDMA Wide CDMA стандарт CDMA, усовершенствованный фирмой Ericsson

WCIT World Conference on International Telecommunication Всемирная конференция по международной электросвязи

WCN wide-area corporative network международная корпоративная сеть (*связи*)

wdg winding 1. обмотка 2. намотка; навивка

WDM wave(length)-division multiplexing уплотнение с разделением сигналов по длине волны

WDMA wavelength-division multiple access множественный доступ с разделением волны

WDVT wide(-band) digital-voice terminal цифровой телефонный аппарат невокодерного типа

webzine web magazine электронный журнал

WFM wave-form monitor монитор контроля формы сигнала

WG 1. waveguide волновод **2. wire gage** сортамент проводов

WGBC waveguide below cut-off запредельный волновод

WGM whispering-gallery mode волна типа «шепчущая галерея»

WGN white Gaussian noise белый гауссов шум

WG-T-C waveguide-to-coaxial коаксиально-волноводный переход, КВП

WIN wireless in-building network беспроводная локальная вычислительная сеть здания

WINS Windows-Internet Naming Service Windows-служба имен Интернет

WITS Washington Integrated Telecommunication System интегрированная телекоммуникационная сеть Вашингтона (*США*)

WKU wake-up таймер

WKUH wake-up handler устройство обработки сигналов таймера

WLL wireless local loop местная линия радиосвязи

WM 1. wattmeter ваттметр **2. wavemeter** частотомер-волномер **3. words-per-minute** слов в минуту

WNP worldwide numbering plan всемирный план нумерации

WO, Wop wireless operator радист, радиооператор

WORM write once, read many times однократная запись с многократным считыванием

WOS wireless office system учрежденческая система радиосвязи

WP 1. word processing обработка текста **2. word processor** текстовый процессор

WPL Wave Propagation Laboratory лаборатория по изучению распространения радиоволн

wpm words-per-minute слов в минуту

wps words-per-second слов в секунду

WRC 1. Wireless Radiocommunication Conference Международная радиоконференция по линии «спутник – абонент» (*Международного союза электросвязи*) **2. Wireless Radio Conference** Всемирная конференция по радиосвязи

WRL wireless radio loop беспроводная радиолиния

WRU who are you? «Кто вы?» *тлф* сигнал запроса абонента

WS 1. wireless station радиостанция **2. work station** рабочая станция

WSFB work-station functional block функциональный блок рабочей станции

WSNR weighted signal-to-noise ratio взвешенное отношение сигнал – шум

WT, wt 1. wireless telegraphy радиотелеграфия **2. wireless telephony** радиотелефония

WTAC World Telecommunication Advisory Council Всемирный консультативный комитет по телекоммуникациям

WTC wireless telephone communication радиотелефонная связь

WTDC World Telecommunication Development Conference Всемирная конференция по развитию электросвязи (*Международного союза электросвязи*)

WTF World Telecommunication Forum Всемирный форум электросвязи

W/T Mge wireless telegraphy message радиотелеграфное сообщение

W/TS wireless telegraphy station радиотелеграфная станция

WTSC World Telecommunication Standardization Conference Всемирная конференция по стандартизации электросвязи

WV 1. wave 1. (электромагнитная) волна, ЭМВ 2. колебание 3. сигнал **2. working voltage** рабочее напряжение

WVDC working voltage direct current рабочее напряжение постоянного тока

W-VHS wide VHS обозначение стандарта аналоговой видеозаписи на 13-миллиметровую порошковую ленту ТВ-сигналов высокой четкости

WVL wavelength длина волны

WWACC World-Wide Administrative Communication Conference Всемирная административная конференция по связи, ВАКС

WWAN wireless wide-area network беспроводная региональная сеть радиосвязи

WWDSA worldwide digital system architecture архитектура всемирной цифровой сети

WWN World-Wide Net «всемирная паутина», всемирная сеть связи Интернет

WWSS World-Wide Service System глобальная система обслуживания

WWW World-Wide Web «всемирная паутина», всемирная сеть связи Интернет

WWWC World-Wide Web Consortium Консорциум по Интернет-сети

X

X exchange 1. обмен (*данными*) 2. телефонная станция; коммутатор

XBS extra-bass system динамическая система НЧ-усиления для компенсации спада характеристики малогабаритных наушников в НЧ-области

XCVR, xcvr transmitter-receiver приемопередатчик

xdcr, xder transducer 1. первичный измерительный преобразователь, датчик 2. преобразователь (*формы сигнала*)

XDP extend device port порт дополнительного устройства (*цифрового системного ТФА фирмы Panasonic*)

XDR external data representation внешнее представление данных (*о протоколе*)

xfer transfer 1. передача (данных); перенос 2. перевод (*на другой источник питания*)

xform transformation трансформация; преобразование

xfrm transformer 1. трансформатор 2. преобразователь

XID exchange identification идентификация номера станции

xmfr transformer 1. трансформатор 2. преобразователь

XMIT, xmit transmit 1. передавать, посылать 2. распространять(ся) 3. пропускать

xmitter transmitter 1. передатчик; радиопередающее устройство, РпдУ 2. *тлг* трансмиттер 3. *тлф* микрофон 4. (сельсин-)датчик

XMSN transmission передача

xmt transmit 1. передавать, посылать 2. распространять(ся) 3. пропускать

XMTR transmitter 1. передатчик; радиопередающее устройство, РпдУ 2. *тлг* трансмиттер 3. *тлф* микрофон 4. (сельсин-)датчик

XNS Xerox-network standard сетевой стандарт фирмы *Xerox*

XO crystal oscillator кварцевый генератор

XOR exclusive OR исключающее ИЛИ

XP 1. cross-point 1. коммутационный элемент 2. координатный соединитель **2. cross-polarization** перекрестная поляризация

XPD cross-polarization discrimination подавление перекрестной поляризации

x(s)istor transistor транзистор

xstr transistor транзистор

XT crosstalk перекрестные помехи

XTAL crystal кварц

xt(a)lo crystal oscillator кварцевый генератор

XTP Express Transport Protocol протокол экстренной передачи данных

XUV extreme ultraviolet дальний ультрафиолет

Y

Y обозначение полной проводимости

YAG yttrium-aluminum garnet алюмоиттриевый гранат, АИГ

YIG yttrium-iron garnet железоиттриевый гранат, ЖИГ

Z

Z 1. обозначение полного сопротивления; обозначение импеданса **2. zone** 1. зона; пояс 2. район, область 3. интервал

ZBR zone-bit recording двоичная зональная запись

ZDR zone-data recording зональная запись данных

ZT Zulu time скоординированное всемирное время

ZTLP zero-transmission level point точка нулевого уровня передачи

ZV zoomed video спецификация на видеографику для блокнотных компьютеров

ZVS zero voltage switching отключение при нуле напряжения

СПРАВОЧНОЕ ИЗДАНИЕ

АЛЕКСАНДРОВ
Александр Валерьевич

АНГЛО-РУССКИЙ СЛОВАРЬ СОКРАЩЕНИЙ ПО ТЕЛЕКОММУНИКАЦИЯМ

Ответственный за выпуск:
ЗАХАРОВА Г. В.

Ведущий редактор:
ГВОЗДЕВА Т. Ф.

Технический редактор:
КИСЛОВА Е. Е.

Лицензия ИД № 00179
от 28.10.1999 г.

Подписано в печать 20.10.2001. Формат 70x90/32. Бумага офсетная № 1. Печ. л. 9. Усл. п. л. 11,7. Тираж 2060 экз. Зак. 267

«РУССО», 117071, Москва, Ленинский пр-т, д. 15, офис 323.
Телефон/факс: 955-05-67, 237-25-02.
Web: http: //www.aha.ru/~russopub/
E-mail: russopub@aha.ru
Отпечатано в ГУП «Облиздат», г. Калуга, пл. Старый Торг, 5.